면역에 관하여

ON IMMUNITY

면역에
관하여

율라 비스 지음 | 김명남 옮김

일러두기
원주는 미주로, 옮긴이주는 각주로 처리했다.

이 책은 실로 꿰매어 제본하는 정통적인 사철 방식으로 만들어졌습니다.
사철 방식으로 제본된 책은 오랫동안 보관해도 손상되지 않습니다.

다른 어머니들을 위하여,
내 어머니에게 감사하며

차례

1. 면역이라는 신화

면역에 대해서 평생 처음 들었던 이야기는 의사인 아버지가 해주신 것으로, 내가 아주 어릴 때였다. 그건 아킬레우스 신화였다. 아킬레우스의 어머니는 아들을 불사의 몸으로 만들려고 애썼다. 어떤 서술에서는 그녀가 아들의 필멸성을 불에 태워 없앴다고 하는데, 그 덕분에 아킬레우스는 발뒤꿈치를 제외한 온몸이 결코 다치지 않는 몸이 되었지만, 결국에는 그 발뒤꿈치에 독화살을 맞아서 죽는다. 또 다른 서술에서는 아킬레우스의 어머니가 현세와 저승을 나누는 스틱스 강에 아들을 담갔다고 한다. 그때 그녀가 아기의 발뒤꿈치를 잡고 물에 담갔기 때문에, 이번에도 역시 치명적인 취약점이 한 군데 남고 말았다.

루벤스가 그린 아킬레우스의 일생에서는 스틱스 강이 그의 시작점이다. 그림에서는 박쥐들이 하늘을 날고, 원경에서는 죽은 자가 나룻배로 강을 건넌다. 아킬레우스는 그의 통통한 한쪽 다리를 붙든 어머니의 손에 대롱대롱 매달려 있고, 머리와 어깨는 완전히 물에 잠겨 있다. 평범한 목욕이 아니란 건 분명하다. 저승을 지키는 머리 셋 달린 사냥개가 그림 아래쪽에, 아기의 몸이 강물과 만나는 부분에 웅크리고 앉아 있어, 마치 아기가 맹수 속으로 담가지는 것처럼 보인다. 면역을 부여하는 것은 위험스러운 일이라고, 그림은 말하는 듯하다.

자식들을 삶의 갖가지 위험에 대비시키기 위해서, 내 어머니는 매일 밤 자기 전에 우리에게 그림 형제 동화집을 읽어 주었다. 내 기억에 생생하게 남은 건 그 동화에 악명을 안긴 유명한 잔혹함보다는 그 속에 담긴 마법이었다. 성의 정원에서 자라는 황금 배, 키가 겨우 엄지만 한 사내아이, 열두 마리 백조로 변한 열두 형제. 하지만 아이였던 나조차도 알아차렸던 사실이 하나 있었으니, 그 동화 속 부모들은 자식의 인생을 건 나쁜 도박에 꾀여 넘어가는 복장 터지는 버릇이 있다는 것이었다.

한 이야기에서, 주인공 남자는 무엇이 되었든 제 방앗간 너머에 서 있는 것을 악마가 가진 것과 교환하기로 합의한다. 남자는 사과나무를 내주는 거라고 생각했지만, 알고 보니 당황스럽게도 남자의 딸이 방앗간 너머에 서 있었다.

또 다른 이야기에서, 임신을 간절히 원했던 여자는 마침내 아이를 밴 뒤 근처 사악한 마녀의 정원에서 자라는 라푼젤이라는 채소가 먹고 싶어 안달한다. 여자는 남편을 보내 채소를 훔쳐 오게 하는데, 그만 마녀에게 들킨 남자는 앞으로 태어날 아이를 마녀에게 주겠다고 약속해 버린다. 마녀는 여자아이를 받아서 출입구가 없는 높은 탑에 가둔다. 그러나 무릇 탑에 갇힌 처녀들은 제 머리카락을 늘어뜨리는 법.

어머니가 나중에 읽어 준 그리스 신화도 마찬가지였다. 불길한 예언을 들은 왕은 딸을 탑에 가둬서 아이를 못 낳게 만들려고 하지만, 결국 실패한다. 황금 빗줄기로 변신한 제우스가 그 딸에게 찾아들고, 딸은 잉태하며, 그렇게 태어난 아이가 훗날 왕을 죽인다. 그냥 죽으라고 산기슭에 내버려졌던 아기 오이디푸스는 목동을 만나 목숨을 구원받았지만, 그가 훗날 제 아버지를 죽이고 제 어머니와 결혼하리라던 예언으로부터 구원받진 못했다. 그리고 아킬레우스의 어머니 테티스는 아들의 필멸성을 불로 태워 없애지도, 물에 담가 씻어 내지도 못했다.

아이를 제 운명으로부터 벗어나게끔 만드는 건 불가능함에도 불구하고, 그 사실을 잘 아는 신들조차 끊임없이 그 일을 시도했다. 아킬레우스의 어머니는 인간과 결혼한 여신이었는데, 제 아들이 젊어서 죽을 것이라는 예언을 들었다. 그녀는 예언을 거스르기 위해서 갖은 노력을 다했다. 트로이 전쟁 때는 아킬레우스에게 여자아이 옷을 입혔다. 그러나 아킬레우스가 칼을 뽑아 들어 사내아이라는 게 들키자, 어머니는 불의 신에게 아들을 위한 방패를 만들어 달라고 주문한다. 방패에는 해와 달, 땅과 바다, 전쟁 중인 도시와 평화로운 도시, 갈아 엎은 밭과 수확한 밭이 새겨져 있었다. 우주가, 온갖 이중성을 다 간직한 우주가, 아킬레우스의 방패였다.

요번에 아버지는 내가 어릴 때 자신이 해준 이야기는 사실 아킬레우스 신화가 아니라 다른 고대 설화였다고 일깨워 주었다. 아버지가 들려주는 줄거리를 듣노라니, 내가 왜 두 이야기를 헷갈렸는지 알 수 있었다. 이 이야기의 주인공은 용의 피로 멱을 감음으로써 부상에 대한 면역을 얻는다. 하지만 그가 멱을 감을 때 나뭇잎 한 장이 몸에 붙었고, 그래서 그의 등에 보호되지 않는 지점이 한 군데 작게 남아 버렸다. 그는 이후 무수한 전투에서 승리를 거두지만, 결국 딱 그 지점에 맞은 화살 한 방에 죽는다.

면역은 신화라고, 어떤 유한한 목숨의 인간도 취약하지 않은 몸을 갖게 될 순 없다고, 이 이야기들은 말해 준다. 이 말이 진리임을 받아들이는 건 내가 엄마가 되기 전에 훨씬 쉬웠다. 아들이 태어나자, 나는 내가 지닌 힘과 내가 지닌 무력함을 둘 다 예전보다 더 과장해서 느끼게 되었다. 나도 모르게 운명과 흥정하는 짓을 어찌나 자주 했던지, 남편과 아예 놀이처럼 만일 우리 아이가 어떤 병에 걸리지 않는 대가로 다른 병을 받아들여야 한다면 무슨 병을 택하겠느냐는 질문을 서로 던지곤 했다. 그것은 부모된 자들이 내려야만 하는 무수한 불가능한 결정들에 대한 패러디였다.

아들이 아기일 때, 나는 〈아이가 안전한 게 제일 중요하지〉라는 요지의 말을 여러 다양한 형태로 듣게 될 것이었다. 나는 정말 그럴까, 정말 그것만이 중요할까 하고 자주 의아할 것이었고, 내가 과연 아이를 안전하게 지킬 수 있을까 하는 의문도 그 못지않게 자주 떠올릴 것이었다. 아이의 운명이 무엇이든, 내게 그 운명으로부터 아이를 보호할 힘은 없다는 걸 나는 똑똑히 알았다. 그럼에도 불구하고 나는, 그림 동화의 나쁜 도박들은 절대 하지 않겠다고 굳게 결심했다. 내 부주의나 탐욕 때문에 아이에게 저주가 내리는 짓은 절대 하지 않을 것이었다. 악마에게 〈방앗간 너머에 서 있는 걸 가져도 좋아요〉라고 대뜸 말해 놓고는 방앗간 너머에 내 아이가 서 있는 걸 확인하는 짓은, 절대 하지 않을 것이었다.

2. 독감 백신에 대한 두려움

아들이 태어나기 전날은 그 봄 들어 처음 푸근해진 날이었다. 진통을 느끼던 나는 걸어서 부두 끝까지 나갔다. 미시간 호에 뜬 부빙에 아침 햇살이 쏟아져 반짝거렸다. 남편은 비디오카메라를 들고서 내게 미래에 대해 말해 보라고 시켰는데, 어쩌다 보니 소리가 녹음되지 않아서 그때 내가 했던 말은 몽땅 과거로 사라졌다. 녹화된 내 얼굴만 보고서 분명히 알 수 있는 사실 하나는 그때 내가 겁내지 않았다는 것이다. 햇살 가득했던 그 순간에 뒤이은 긴긴 진통 중에, 나는 내가 호수를 헤엄치고 있다고 상상했다. 호수는 내 의지와는 달리 어둠의 호수로 바뀌었고, 그다음에는 불의 호수가 되었으며, 그다음에는 수평선 없이 무한히 펼쳐진 호수가 되었다. 이튿날 늦게 아들이 태어났을 때는 차가운 비가 내리고 있었다. 그리고 이제 나는 더 이상 두려움이 없지 않은 새 세상으로 건너와 있었다.

그 봄, 새로운 종류의 인플루엔자 균이 멕시코에서 미국으로, 뒤이어 전 세계로 퍼질 것이었다. 나는 초기의 보도는 챙겨 읽지 않았다. 밤마다 아들의 숨소리에 귀 기울이느라 바빴기 때문이다. 낮에는 아기가 젖을 얼마나 먹었는지 안 먹었는지, 잠을 얼마나 잤는지 안 잤는지에 정신이 온통 팔려 있었다. 그때 공책에 썼던 기록은 지금 내가 봐도 무슨 뜻인지 알 수 없다. 시간들이 줄줄이 나열되어 있는데, 몇몇은 불과 몇 분 간격이다. 시간 옆에 적힌 불가해한 표기들은 아마도 깼다, 잤다, 젖을 먹었다, 울었다를 뜻하는 것 같다. 나는 패턴을 찾고 있었고, 아기가 달랠 수 없을 지경으로 우는 이유가 무엇인지 알아내려 애쓰고 있었다. 훨씬 더 나중에 알게 되겠지만, 아이가 울었던 건 소젖을 못 견디기 때문이었다. 내가 마신 우유에 담긴 거슬리는 단백질이 젖을 통해 아이에게 전달되었던 건데, 당시 내게 그 가능성은 머리에 떠오르지조차 않았다.

여름이 끝날 무렵, 저녁 뉴스의 영상 속에서는 공항 직원들이 흰 수술용 마스크를 쓰고 있었다. 그즈음 신종 인플루엔자 바이러스는 공식적인 범유행병이 되어 있었다. 성당들은 성체 성사의 제병을 이쑤시개에 꽂아서 나눠 주었고, 항공사들은 비행기에서 베개와 담요를 치워 버렸다.

지금 내가 놀라는 점은, 당시 내게 그런 일이 그다지 대수롭지 않게 느껴졌다는 것이다. 그것은 내가 새로 발 들인 어머니 노릇의 풍경의 일부, 베개나 담요 같은 일상적인 물건에게도 신생아를 죽일 힘이 있는 풍경의 일부일 뿐이었다. 대학들이 모든 〈고(高)접촉〉 표면을 매일같이 살균하는 동안, 나는 매일 밤 아이가 입에 넣었던 물건을 모조리 끓여서 살균했다. 온 나라가 내 편집증적인 아기 보살핌 활동에 합류한 것 같았다. 다른 많은 어머니처럼, 나는 아무런 경고 신호도 증상도 드러내지 않은 채 갑자기 아기를 죽이는 증후군이 있다는 걸 들어 알고 있었다. 세상의 온갖 법석에도 불구하고 내가 그 인플루엔자를 특별히 겁냈던 기억이 없는 건 아마 그 때문일 것이다. 그것은 많은 걱정 중 하나에 지나지 않았다. 나는 우리 집 벽에 납 페인트가 쓰였다는 걸 알았고, 우리 집 물에 육가 크로뮴이 들었다는 걸 알았다. 내가 읽던 책들은 아기가 잘 때 선풍기를 틀어 두라고 권했는데, 왜냐하면 정체된 공기마저도 아기를 숨 막히게 할 수 있기 때문이라고 했다.

지금 〈보호하다protect〉라는 영어 단어의 유의어를 사전에서 찾아보니, 〈shield〉와 〈shelter〉와 〈secure〉에 이어 마지막 선택지로 〈inoculate〉가 나온다.[1] 이것이야말로 아들이 태어났을 때 내게 주어진 문제였다. 과연 아이에게 예방 접종을 맞혀야 할까? 당시 내가 느끼기로 그것은 내가 아이를 보호할 수 있느냐 없느냐의 문제라기보다는 예방 접종이 과연 감수할 가치가 있는 위험인가 아닌가의 문제였다. 아기 아킬레우스를 스틱스 강에 담갔던 테티스처럼 나도 도박을 감행해야 할까?

내가 아는 어머니들은 우리가 백신을 맞을 수 있게 되기 한참 전부터 아이에게 신종 인플루엔자 백신을 맞힐지 말지를 두고 토론을 벌였다. 우리가 듣기로 이 인플루엔자 균주가 유달리 위험한 것은, 1918년에 범유행병으로 돌아서 5000만 명을 넘게 죽였던 스페인 독감 바이러스와 마찬가지로 사람이 처음 접하는 균주라서 그렇다고 했다. 하지만 또 듣기로는, 백신이 서둘러 제조되었기 때문에 시험을 완벽하게 거치진 못했을지도 모른다고 했다.[2]

한 어머니는 자신이 계절성 독감을 앓는 동안 유산을 경험한 적이 있었고 그래서 모든 독감을 경계하게 되었기 때문에 아이에게 백신을 맞힐 계획이라고 말했다. 다른 어머니는 아이가 첫 백신을 맞은 뒤 밤새 걱정스럽도록 악을 쓰며 울었던 적이 있었기 때문에 종류를 불문하고 백신을 더 맞히는 위험은 감수하지 않겠다고 말했다. 신종 독감 백신에 관한 모든 대화는 이전부터 이어지던 예방 접종에 관한 토론의 연장이었다. 그것은 우리가 질병에 대해 아는 모든 사실을 백신에 대해 모르는 모든 사실과 저울질하는 대화였다.

바이러스가 퍼지는 동안, 내가 아는 플로리다의 한 어머니는 자기 가족 모두가 H1N1* 독감에 걸렸었는데 심한 감기보다 더 독하진 않더라는 말을 내게 전해 왔다. 시카고의 한 어머니는 자기 친구의 건강한 19세 아들이 독감으로 입원한 뒤 뇌졸중을 일으켰다는 소식을 들려주었다. 나는 두 이야기를 다 믿었지만, 그 이야기들은 질병 통제 예방 센터CDC가 이미 설명해 준 듯한 사실, 즉 그 독감이 어떤 경우에는 무해하고 어떤 경우에는 심각할 수 있다는 사실 외에 새롭게 더 알려 주는 바가 없었다. 이런 상황에서는 백신을 맞히는 게 신중한 처신으로 보였다. 아들은 막 생후 6개월을 넘겼고, 나는 막 일터인 큰 대학으로 복귀한 참이었는데, 내 학생들 중 대다수는 학기 마지막 주가 되면 콜록거리며 돌아다닐 게 뻔했다.

그해 가을, 『뉴요커』에 마이클 스펙터가 쓴 기사가 실렸다. 스펙터는 인플루엔자가 미국의 10대 사망 원인 중 하나로 자주 오르는 요인이라고 지적하고, 비교적 가벼운 인

---

* 사람에게 가장 흔히 발병하는 A형 인플루엔자 바이러스의 변형으로, 2009년 세계적으로 대유행하였다. 국내에서는 〈신종 플루〉로 불렸다.

플루엔자라도 범유행병이 되면 수백만 명을 죽일 수 있다고 말했다. 그리고 이렇게 적었다. 〈H1N1 바이러스는 새롭지만, 백신은 새롭지 않다. H1N1 백신은 지금까지 다른 독감 백신들이 제조되고 시험된 방식대로 제조되고 시험되었다.〉 내가 아는 어떤 어머니들은 그 기사의 말투를 싫어했다. 그들은 내가 그 기사에서 안도감을 느꼈던 바로 그 이유, 즉 어떠한 의심도 인정하지 않겠다는 태도 때문에 도리어 그 기사가 모욕적이라고 느꼈다.

언론이 믿음직한 정보원이 못 된다는 것은 정부가 무능하다는 것, 대형 제약 회사들이 의학을 타락시키고 있다는 것과 더불어 내가 다른 어머니들과 나눈 대화에서 반복적으로 등장하는 주제였다. 나는 그런 걱정에 모두 동의했지만, 그런 걱정이 암시하는 세계관은 심란하게 느껴졌다. 그것은 믿을 사람이 아무도 없다는 생각이니까.

믿기 좋은 시절은 분명 아니었다. 미국은 군대와 계약한 업체들 외에는 아무도 득 볼 게 없는 듯한 두 전쟁을 치르는 중이었다. 사람들이 집과 일자리를 잃는 마당에, 정부는 덩치가 너무 커서 망하면 안 된다고 여기는 금융 기관들을 구제해 주고 납세자의 돈으로 은행들을 떠받쳐 주고 있었다. 정부가 시민들의 안녕보다 기업들의 이익을 더 선호한다고 봐도 과히 틀린 말은 아닐 것 같았다.

경제 위기로 인한 여파를 겪던 초기에 더러 〈대중의 신뢰를 회복해야 한다〉는 말이 쓰이곤 했는데, 그렇더라도 그 초점은 소비자 신뢰에 맞춰지는 때가 많았다. 나는 〈소비자 신뢰〉라는 말이 싫었다. 그리고 나 자신을 어머니로서 신뢰하라는 격려를 들을 때면 매번 성질이 났다. 나는 소비자로서든 다른 무엇으로서든 스스로에 대한 자신감이 거의 없었지만, 한편으로 자신감이란 자아를 넘어선 다른 종류의 신뢰보다는 덜 중요하다고 믿는 편이었다. 아들이 태어난 지 몇 년이 흐른 지금도, 나는 〈신뢰〉 혹은 〈신탁〉이라는 단어의 정확한 의미에, 특히 법 용어이자 경제 용어로서의 의미에 흥미가 있다. 신탁trust이란 — 귀중한 자산을 그 소유자가 아닌 다른 누군가의 보살핌에 맡긴다는 의미에서 — 아이를 갖는다는 것이 무엇인가에 대한 내 생각을 그럭저럭 잘 포착한 표현이다.

10월 말 무렵, 여태 독감 백신에 대해서 이야기하는 어머니들은 이제 주로 아이에게 백신을 맞히기가 얼마나 어려운지에 대해서 말했다. 아들은 다니는 소아과의 대기 명단에 올라 기다린 지가 한 달이 넘었다. 다른 어머니들은 커뮤니티 칼리지나 공립 고등학교에 늘어선 긴 줄에 서서 기다렸다. 우리가 기다리는 동안, 아이를 접종시키지 않은 한 어머니가 H1N1 백신에 스콸렌이라는 첨가제가 들어 있다더라 하는 말을 꺼냈다. 「아니에요.」 다른 어머니가 반박했다. 「스콸렌은 유럽의 독감 백신에는 들어 있지만 미국에서는 쓰이지 않아요.」 처음 스콸렌 이야기를 꺼냈던 어머니는 확실히 그런진 모르겠다며, 미국 백신에는 스콸렌이 들어 있지 않다는 말을 반박한 말을 다른 데서 들었다고 말했다.[3] 「그 다른 데가 정확히 어디야?」 내 친구는 궁금해했다. 나는 궁금했다. 〈대체 스콸렌이 뭐야?〉

나와 함께 독감 백신의 장점을 토론했던 여자들은 당시 내게는 생소하기만 했던 전문 용어들을 환히 꿰고 있었다. 그들은 〈면역 증강제〉니 〈접합 백신〉이니 하는 용어를 썼고, 어떤 백신이 생(生)백신이고 어떤 백신이 무세포 백신인지 알았다. 다른 나라들의 백신 접종 일정표를 세세히 알았고, 수많은 백신 첨가제를 일일이 다 알았다. 그들 중 많은 수는 나처럼 작가였다. 그러니 우리가 주고받는 전문 용어와 정보의 이면에 깔린 은유들이 내 귀에 들어오기 시작한 건 그리 놀라운 일이 아니었다.

스콸렌은 사람을 비롯하여 아주 많은 생물의 몸에서 발견되며, 인체에서는 간에서 만들어진다. 스콸렌은 우리 혈액 속에서 순환하고, 우리가 남긴 지문에 묻어난다. 유럽의 일부 독감 백신에는 정말로 상어 간유에서 얻은 스콸렌이 포함되어 있지만, 미국에서 승인을 얻은 백신에는 스콸렌이 포함된 적이 한 번도 없다. 부재를 통해 드러난 스콸렌의 존재감은 티메로살의 희한한 성질과 좀 비슷한 데가 있다. 수은 화합물인 보존제 티메로살은 다회 용량 독감 백신을 제외하고는 모든 아동기 백신으로부터 2002년까지 완전히 제거되었다. 하지만 그로부터 십 년이 훌쩍 더 지난 지금까지도 백신 속 수은에 대한 두려움은 살아 있다.

아들은 11월 말에 독감 백신을 맞았다. 당시는 몰랐지만, 범유행병의 최악의 시기는 이미 지난 뒤였다. H1N1 인플루엔자 발병 건수는 10월에 정점을 찍었다. 내가 간호사에게 아들이 맞는 백신에 티메로살이 들었느냐고 물었던 게 기억난다. 하지만 나는 정말 걱정스러워서 물었다기보다는 그냥 물어야 할 것 같아서 물은 것이었다. 이미 나는 만일 백신에 문제가 있더라도 그 문제가 티메로살은 아닐 거라고 생각하고 있었다. 스콸렌도 물론 아니었다.

3. 우리의 몸은 우리의 은유를 결정한다

「저거 뭐야?」 아들이 처음 말한 문장이었다. 이후에도 오랫동안 아이가 말할 줄 아는 문장은 그게 다였다. 나는 아이가 말을 배우는 동안 아이에게 사물의 이름을 알려 주면서, 언어가 몸을 아주 많이 반영한다는 사실을 깨달았다. 시인 마빈 벨은 이렇게 적었다. 〈우리는 의자에게 팔, 다리, 엉덩이, 등을 주고 / 컵에게는 입술을 / 병에게는 목을 준다.〉 이런 종류의 기본적인 은유를 만들고 이해하는 능력은 언어와 함께 오며, 실은 언어 자체가 은유로 이뤄진다. 어떤 단어든 깊이 파헤치면 대개는 에머슨이 〈화석 시(詩)〉라고 표현했던 것, 즉 현재의 용법 밑에 잠긴 옛 은유가 드러나기 마련이다. 바다의 깊이를 재는 데 쓰는 단위인 〈패덤fathom〉은 요즘 〈이해하다〉라는 뜻으로도 쓰이는데, 그것은 두 팔을 벌려 한쪽 손가락 끝에서 다른 쪽 손가락 끝까지를 한 단위로 삼아 직물의 길이를 재는 걸 뜻했던 그 단어의 문자적 어원이 과거에 어떤 개념을 파악하는 일의 은유로 쓰였기 때문이다.[4]

〈우리의 몸은 우리의 은유를 결정한다.〉 제임스 기어리는 은유를 다룬 책 『나는 타자다』에서 이렇게 말했다. 〈그리고 우리의 은유는 우리가 생각하고 행동하는 방식을 결정한다.〉 우리가 세상에 대한 이해를 자신의 몸에서 끌어낸다면, 백신 접종은 상징적 행위가 될 수밖에 없을 것이다. 바늘이 피부를 찌르는 광경은 어떤 사람들에게는 기절할 정도로 인상적이고, 그로 인해 외부 물질이 살 속에 직접 주입된다. 이 행위에서 우리가 읽어 내는 은유는 압도적으로 두려운 것들, 거의 늘 침해와 타락과 오염을 암시하는 것들이다.

영국인들은 〈한 대 맞는다jab〉고 표현하고, 총을 좋아하는 우리 미국인들은 〈한 발 맞는다shot〉고 표현한다. 어느 쪽으로 부르든, 백신 접종은 폭력이다. 그리고 백신 접종이 성 매개 감염병을 예방하기 위한 것일 때, 그것은 성폭력이 되는 듯하다. 2011년 공화당 대선 후보 미셸 바크먼은 사람 유두종 바이러스 백신이 일으키는 〈참상〉을 경고하면서 〈순수한 열두 살짜리 여자아이들을 정부가 강제로 접종시키는 건〉 잘못이라고 주장했다. 바크먼의 경쟁자였던 릭

샌토럼도 그 말에 동의하며, 〈어린 여자아이들을 정부가 억지로 접종시켜서〉 좋을 게 하나도 없다고 덧붙였다. 이전부터도 일부 부모들은 백신이 〈그렇게 어린 여자아이들에게는 부적절하다〉고 불평했으며, 또 다른 부모들은 백신 때문에 아이들이 난잡한 성생활을 하게 될지도 모른다고 걱정했다.[5]

백신은 19세기 내내 흉터가 지는 상처를 남겼다. 그것을 〈짐승의 낙인〉*이라고 두려워하는 사람들도 있었다. 어느 영국 성공회 대주교가 1882년에 했던 설교를 보면, 백신은 죄를 주입하는 짓이나 마찬가지였다. 그것은 〈타락, 악덕들의 앙금, 못된 욕구들의 찌꺼기가 뒤섞인 고약한 혼합물로서 사후에 영혼에게서 부글부글 솟아올라 그 속에 지옥을 발달시키고는 끝내 그 사람을 잡아삼킬 것〉이라고 했다.

백신 접종이 대개 흉터를 남기지 않는 지금도, 그 때문에 우리에게 영구적인 낙인이 찍힐지도 모른다는 두려움은 사라지지 않았다. 우리는 백신이 자폐증을, 혹은 오늘날 산업화된 나라들을 괴롭히는 여러 면역 장애 질병들(당뇨, 천식, 알레르기)을 일으킬지 모른다고 두려워한다. B형 간염 백신이 다발 경화증을 일으킬지 모른다고 두려워하고, 디프테리아-파상풍-백일해 백신이 영아 돌연사를 일으킬

* 요한의 묵시록에 나오는 표현이다.

지 모른다고 두려워한다. 여러 백신을 동시에 접종하면 면역계에 부담이 될지 모른다고 걱정하고, 전체 백신 접종 수가 많으면 면역계가 압도되어 버릴지 모른다고 걱정한다. 일부 백신에 든 포름알데히드가 암을 일으킬지 모른다고 두려워하고, 다른 백신에 든 알루미늄이 뇌를 오염시킬지 모른다고 두려워한다.

〈독사의 독, 쥐와 박쥐와 두꺼비와 젖 빼는 강아지의 피, 내장, 배설물〉은 19세기 사람들이 백신에 들어간다고 상상했던 재료였다. 그것은 당시 대다수 질병의 원인으로 여겨졌던 유기물, 즉 오물과 비슷한 물질로 보였다. 또한 마녀의 묘약의 레시피라고도 할 만했다. 그때만 해도 백신 접종은 상당히 위험스러웠다. 다만 어떤 사람들이 걱정했던 것처럼 아이의 머리에서 소뿔이 자라나기 때문은 아니었고, 어떤 사람들이 의심했던 것처럼 팔에서 팔로 전달하는 백신은 매독 같은 다른 질병을 옮길 수 있기 때문이었다. 팔에서 팔로 백신을 전달하는 방법이란 얼마 전에 백신을 맞은 사람의 팔에 돋은 농포에서 고름을 채취하여 딴 사람에게 백신으로 주입하는 방법이었다. 백신 접종이 체액을 직접 전달하는 방법을 쓰지 않게 된 뒤에도, 세균 오염은 여전히 문제였다. 1901년에는 파상풍균에 오염된 백신 때문에 뉴저지 주 캠던에서 아홉 아이가 죽었다.

요즘의 백신은 매사가 제대로일 경우 무균 상태다. 어떤 백신에는 세균 증식을 막기 위한 보존제가 들어 있다. 그래서 요즘 우리가 백신에서 걱정하는 건 활동가 제니 매카시의 말마따나 〈끔찍한 수은, 에테르, 알루미늄, 부동액〉이다. 오늘날 마녀의 묘약은 화학적이다. 실제 백신에는 에테르나 부동액 따위는 전혀 들어가지 않지만, 그래도 이런 물질들은 우리가 산업 사회에 대해서 느끼는 불안을 증언한다. 그것들은 요즘 우리가 나쁜 건강의 원인으로 비난하는 화학 물질들과 요즘 우리의 환경을 위협하는 오염 물질들을 환기시킨다.

〈백신 뱀파이어〉라는 제목의 1881년 전단은 백신 접종원들이 〈순수한 아기〉에게 가하는 〈광범위한 오염〉을 경고했다. 아기의 피를 먹고산다고 알려진 그 시절의 뱀파이어는 아기들에게 상처를 입히는 백신 접종원에 대한 은유로 안성맞춤이었다. 고대 설화의 흡혈귀들이 흉측했던 데 비해, 빅토리아 시대 뱀파이어들은 매혹적일 수 있었다. 뱀파이어의 섬뜩한 섹슈얼리티는 백신 접종 행위에 뭔가 성적인 면이 있을 거라는 두려움을 부추겼고, 그 불안은 팔에서 팔로 전달하는 백신 때문에 성 매개 감염병이 퍼졌을 때 더더욱 강화되었다. 빅토리아 시대 뱀파이어들은,

빅토리아 시대 의사들과 마찬가지로, 피의 타락만이 아니라 경제적 타락과도 연관되었다. 당시 의사들은 보수를 받는 직종을 사실상 억지로 만들어 낸 것이나 다름없는 데다가 거의 배타적으로 부자들만 활용할 수 있는 서비스였기에, 노동 계급에게는 미심쩍은 존재였다.

브램 스토커의 드라큘라 백작은 피에 굶주린 부르주아 계급 출신이다. 그의 성에는 금화가 먼지투성이 무더기로 쌓여 있고, 그가 칼에 찔릴 때 망토에서도 금화가 좌르륵 쏟아진다. 그러나 드라큘라를 백신 접종원으로 해석하기는 어렵다. 『드라큘라』의 두툼한 책장 속에 암시된 갖가지 은유 가운데 가장 명백한 것은 질병이다. 드라큘라는, 마치 신종 질병이 당도하는 것처럼, 배를 타고 영국으로 건너온다. 그는 쥐 떼를 소환하고, 그의 감염성 해악은 그가 처음 문 여자로부터 그녀가 무심코 밤중에 젖을 물린 아이들에게로 퍼진다. 드라큘라가 유달리 무서운 존재인 것, 그리고 그 이야기의 플롯이 해결에 이르기까지 그렇게 긴 시간이 걸리는 것은 그가 괴물성을 전염시키는 괴물이기 때문이다.

『드라큘라』가 출간된 1897년에는 이미 세균설이 널리 받아들여지고 있었지만, 그 이론은 이전까지 한 세기 내도록 비웃음거리로 취급당한 뒤였다. 모종의 미생물이 질병을 일으킬지도 모른다는 추측은 워낙 오래전부터 있었던 생각이라, 루이 파스퇴르가 살균된 배양액을 담고 코르크로 입구를 막은 플라스크와 막지 않은 플라스크로 공기 중 세균의 존재를 증명했을 땐 벌써 구식 이론으로 취급되던 터였다. 관을 〈살균하여〉 드라큘라가 그 속에서 쉬지 못하도록 하면서 그를 쫓았던 뱀파이어 추적자들 중에는 두 명의 의사가 있는데, 처음에 두 사람은 진단이 서로 갈린다. 둘 중 젊은 의사는 증거를 보고도 차마 뱀파이어의 존재를 믿지 못한다. 그래서 그보다 더 나이 든 의사가 과학과 믿음의 교차점에 관한 일장 연설을 열렬히 늘어놓는다.

「여보게, 내 말 좀 들어보게. 오늘날 전기 과학에서 이루어지는 일들 중에는, 전기를 발견했던 사람들이 보면 사악하다고 할 만한 일들이 있네. 그 발견자들 자신이 금세 마법사로 몰려 타 죽었을 거야」 그러고는 그는 마크 트웨인을 언급한다. 「어떤 미국인이 믿음이라는 것을 이렇게 정의하는 것을 들은 적이 있네. 즉, 〈믿음이란, 우리가 사실이 아니라고 알고 있는 것을 믿게 하는 능력〉이라고 말이야」 그리고 말한다. 「그 사람 얘기는, 우리가 열린 마음을 가져야 한다는 것이지. 작은 바위 덩어리가 철도의 화차를 막는 것처럼, 진실의 작은 조각이 커다란 진실이 나아가는 것을 막게 해서는 안 된다는 것일세」[6]

『드라큘라』는 뱀파이어에 관한 이야기인 것 못지않게 이 문제, 즉 증거와 진실에 관한 문제를 다루는 이야기다. 이 이야기는 하나의 진실이 다른 진실을 탈선시킬 수 있다고 암시하면서, 오늘날까지 살아 있는 질문을 우리에게 던진다. 우리는 아직도 백신 접종이 질병보다 더 무서운 괴물이라고 믿는 걸까?

4. 집단 면역

〈모든 사람의 마음속에는 세상에서 혼자가 될지도 모른다는 두려움, 신에게 잊힌 채, 수많은 저 인간들 틈에서 간과되어 버릴지도 모른다는 두려움이 담겨 있다.〉 쇠렌 키르케고르는 1847년 일기에 이렇게 적었다. 그것은 그가 『사랑의 역사(役事)』를 탈고한 해였고, 그 책에서 그는 사랑이란 말이 아니라 〈그 열매로만〉 알아볼 수 있다고 주장했다.

나는 대학에 다닐 때 『사랑의 역사』의 첫 50쪽을 읽고는 지쳐서 더 읽기를 포기했다. 그 50쪽에서 키르케고르는 〈너는 네 이웃을 네 몸처럼 사랑하라〉는 계율을 거의 한 단어 한 단어 분석하는 수준으로 전개한다. 우선 사랑의 속성을 탐구한 뒤에 그다음에는 〈네 몸처럼〉이라는 말이 무슨 뜻인지를 묻고, 그다음에는 〈네 이웃〉이 무슨 뜻인지를 묻고, 그다음에는 〈너는〉이 무슨 뜻인지를 묻는다. 나는 질린 나머지 키르케고르가 〈그렇다면, 우리의 이웃이란 누구인가?〉라고 물은 직후에 읽기를 때려치웠는데, 그 질문에 대한 그의 대답 중 한 대목은 〈이웃이란 철학자들이 타자라고 부르는 것, 우리가 지닌 자기애의 이기성이 시험당하는 대상으로서의 존재〉였다. 거기까지만 읽었음에도 불구하고 나는 우리가 자신의 신념을 꼭 실천해야 한다는 주장, 심지어 그 신념을 몸으로 구현한 존재가 되어야 한다는 주장에 충분히 심란해진 터였다.

유년기의 기억 저 깊은 곳을 뒤지면, 우리가 탄 차를 구급차가 앞질러 달려갔을 때 아버지가 우리에게 도플러 효과의 원리를 신나게 설명해 주었던 일이 떠오른다. 우리가 살던 집에서 강으로 해가 지는 걸 바라볼 때면, 아버지는 해거름 녘에는 대기가 파장이 짧은 빛을 제거하기 때문에 구름이 불그스레해지고 풀은 더 새파랗게 보이는 거라며 레일리 산란의 원리를 설명해 주었다. 숲에서는 올빼미 펠릿*을 헤적여, 그 속에서 찾아낸 뼈들로 자그만 생쥐 골격을 만들어 보여 주었다. 아버지는 인체에 대해서 말할 때보다 자연에 대해서 말할 때 훨씬 더 자주 감동했지만, 혈액형만큼은 얼마간 열정적으로 설명하신 주제였다.

* 조류가 먹이 중 소화시키지 못한 뼈나 털 따위를 덩어리로 토해 낸 것.

혈액형이 RH-O형인 사람은 RH-O형인 피만을 수혈받을 수 있다고, 하지만 다른 모든 혈액형에게 제 피를 줄 수 있다고, 아버지는 설명했다. 혈액형이 RH-O형인 사람을 〈보편 공여자〉라고 부르는 건 그 때문이다. 그렇게 설명한 뒤 아버지는 당신이 바로 RH-O형이라고, 당신이 바로 보편 공여자라고 밝혔다. 그 혈액형의 피는 응급 수혈용으로 늘 수요가 많기 때문에, 자신은 사정이 되는 한 가급적 자주 헌혈한다고 했다. 아버지는 내가 나중에서야 알 사실을 그때 이미 아셨는지도 모른다. 나 또한 RH-O형이라는 사실을.

내 혈액형을 알기 한참 전에도 나는 보편 공여자라는 개념을 의학적 개념이라기보다 윤리적 문제로 이해했지만, 그 윤리란 아버지의 가톨릭 신앙이 의학 교육에 교묘하게 침투한 결과라는 사실까지는 미처 깨닫지 못했다. 나는 성당에 다니지 않았고 성찬식을 겪은 적도 없었기 때문에, 아버지의 보편 공여자 이야기에서 자신의 피를 우리에게 생명수로 나눠 준 예수를 떠올리지 못했었다. 그래도 그때부터 이미 나는 우리가 서로에게 몸을 빚지고 있다고 믿었다.

나의 유년기 내내, 아버지는 보트를 탈 때면 늘 자기 이름과 〈장기 기증자〉라는 글자가 지워지지 않는 잉크로 커다랗게 적힌 구명구를 챙겨 갔다. 그것은 농담이었지만, 아버지는 그 농담을 꽤 진지하게 믿었다. 내게 운전을 가르칠 때, 아버지는 자기 아버지에게서 들은 조언을 전해 주었다. 운전자는 자신이 모는 차뿐만이 아니라 바로 앞 차와 바로 뒤 차에 대해서도 책임이 있다는 말이었다. 차를 세 대나 모는 법을 익히는 건 버거웠고, 그 때문에 가끔은 몸이 굳어 버리는 것 같았다. 지금까지도 그 습관은 내 운전을 방해한다. 그러나 어쨌든 나는 면허를 땄을 때 〈장기 기증자〉 항목 밑에 내 이름을 적어 넣었다.

내가 아들을 위해서 내린 최초의 결정은 아이의 몸이 내 몸에서 떨어져 나간 직후에 실천된 것으로, 아이의 제대혈을 공공 은행에 기증한 거였다. 당시 서른 살이었던 나는 헌혈 경험이 딱 한 번 있었다. 대학에서 키르케고르를 읽던 시절에 해본 게 전부였다. 나는 아들이 나처럼 그 은행에 빚진 느낌으로 인생을 시작하는 게 아니라 예금을 갖고서 시작하기를 바랐다. 그리고 그 결정은, 보편 공여자인 내가 아들을 낳은 뒤 혈액 은행으로부터 두 단위의 혈액을, 그것도 가장 귀한 혈액형의 혈액을 기증받는 수여자가 되기 전에 내린 결정이었다.

우리가 백신의 효과를 따질 때 그것이 하나의 몸에 어떤 영향을 미치느냐만 따지지 않고 공동체의 집합적 몸에 어떤 영향을 미치느냐까지 따진다면, 백신 접종을 면역에 대한 예금으로 상상해도 썩 괜찮을 것이다. 그 은행에 돈을 넣는다는 건 스스로의 면역으로 보호받을 능력이 없거나 의도적으로 그러지 않기로 결정한 사람들에게 기부하는 셈이다. 이것이 바로 집단 면역herd immunity의 원리이고, 집단 접종이 개인 접종보다 훨씬 효과적인 것은 바로 이 집단 면역 덕분이다.[7]

어떤 백신이라도 특정 개인에게서는 면역을 형성하는 데 실패할 수 있다. 인플루엔자 백신 같은 일부 백신은 다른 백신들보다 효과가 좀 떨어진다. 하지만 효과가 상대적으로 적은 백신이라도 충분히 많은 사람이 접종하면, 바이러스가 숙주에서 숙주로 이동하기가 어려워져서 전파가 멎기 때문에 백신을 맞지 않은 사람이나 백신을 맞았지만 면역이 형성되지 않은 사람까지 모두 감염을 모면한다. 자신은 백신을 맞았지만 미접종자가 많은 동네에서 사는 사람이 자신은 맞지 않았지만 접종자가 많은 동네에서 사는 사람보다 홍역에 걸릴 가능성이 더 높은 건 그 때문이다.

미접종자는 자기 주변의 몸들, 질병이 돌지 못하는 몸들에 의해 보호받는다. 반면에 질병을 간직한 몸들에게 둘러싸인 접종자는 백신이 효과를 내지 못했을 가능성이나 면역력이 희미해졌을 가능성에 취약하다. 우리는 제 살갗으로부터보다 그 너머에 있는 것들로부터 더 많이 보호받는다. 이 대목에서, 몸들의 경계는 허물어지기 시작한다. 혈액과 장기 기증은 한 몸에서 나와 다른 몸으로 들어가며 몸들을 넘나든다. 면역도 마찬가지다. 면역은 사적인 계좌인 동시에 공동의 신탁이다. 집단의 면역에 의지하는 사람은 누구든 이웃들에게 건강을 빚지고 있다.

아들이 생후 6개월이 되고 마침 H1N1 독감이 한창 유행일 때, 한 어머니가 내게 자신은 집단 면역을 믿지 않는다고 말했다. 그것은 가설일 뿐이고, 주로 소에게 적용되는 이론이라고 했다. 나는 집단 면역이 믿고 안 믿고의 문제일 수 있다는 사실을 그 전엔 생각도 못했지만, 보이지 않는 망토가 전체 인구를 덮어서 보호해 준다는 개념에 약간 오컬트 같은 기색이 있는 건 사실이었다.

그 마법이 작동하는 메커니즘을 내가 완벽하게 이해하진 못했단 걸 깨우치고, 대학 도서관에서 집단 면역을 다룬 논문을 찾아보았다. 일찍이 1840년, 한 의사는 인구 집단의 일부만 천연두 백신을 맞더라도 전염병이 완벽하게 저지될 수 있다는 걸 알아차렸다. 전염병이 도는 중에 많은 사람이 감염되어 자연 면역을 획득한 뒤에도 일시적으로 그런 간접 보호가 관찰되었다. 홍역 같은 아동기 질병들에 대한 백신이 아직 등장하지 않았던 시절에 전염병은 파상적으로 발생하다가 간간이 소강기에 접어들었는데, 소강기에는 감염으로 면역을 획득한 경험이 없는 아이의 수가 차츰 늘어서 결국 전체 인구 중 결정적인 어떤 비율을, 정확히 얼마인지는 알 수 없는 비율을 차지하게 되었다. 집단 면역은 충분히 관찰되는 현상이다. 오늘날 그 현상을 미심쩍게 여긴다는 건 우리 몸이 남들의 몸과 본질적으로 단절되어 있다고 생각해야만 가능하다. 그런데 물론, 우리는 단절되어 있다고 생각한다.

솔직히 집단 면역이라는 표현은 우리가 소 떼나 다름없다는 인상을 준다. 아마도 도살장으로 보내지길 기다리는 소 떼와 비슷하다는 인상을 준다. 또한 안타깝게도, 사람들이 멍청한 방향으로 우르르 몰려가는 현상을 가리키는 용어인 군중 심리herd mentality를 연상시킨다. 우리는 집단을 어리석은 것으로 여긴다. 군중 심리를 꺼리는 사람들은 그보다는 개척자 심리를 선호하는데, 우리 몸을 독립된 농장으로 상상하고서 개개인마다 그것을 잘 가꾸거나 잘못 가꿀 수 있다고 생각하는 것이다. 이런 생각에서는, 우리가 제 농장을 잘 가꾸는 한, 이웃한 농장의 건강은 우리에게 영향을 미치지 않는다.

이때 집단의 은유를 벌집으로 바꾼다면, 모두가 공유하는 면역이라는 개념이 좀 더 매력적인 것으로 느껴질지도 모르겠다. 꿀벌은 모계 사회를 이루어 살면서 환경에 유익하게 기여하는 종이고, 또한 개체들끼리 철저하게 상호 의존하는 종이다. 최근 전염병처럼 번진 봉군 붕괴 현상에서 알 수 있듯이, 한 꿀벌의 건강은 벌집 전체의 건강에 달려 있다. 저널리스트 제임스 서로위키는 『대중의 지혜』에서 꿀벌들이 꿀을 모을 때 얼마나 정교한 방법으로 정찰하고 서로 보고하는지를 설명했다. 꿀벌의 협동 작업은 집단적 문제 해결의 한 사례로서, 인간 사회도 사실은 그런 방식에 의존하고 있다는 게 서로위키의 주장이다.

군중이 나쁜 결정을 내린 사례도 많이 기록되어 있긴 하지만(린치가 맨 먼저 떠오른다), 서로위키에 따르면 개인에게는 벅찬 복잡한 문제를 큰 집단이 풀어내는 건 예사로 있는 일이다. 다양성이 충분하고 반대의 자유가 있는 한, 집단은 어느 한 전문가의 생각보다 나은 생각을 낼 수 있다. 집단은 사라진 잠수함의 위치를 알아내고, 주식 시장을 예측하고, 신종 질병의 원인을 밝힌다. 2003년 3월, 중국에서 정체 모를 호흡기 질병이 발생하여 다섯 명이 죽은 뒤, 세계 보건 기구WHO는 10개국에 흩어진 연구소들의 협동 작업을 주선하여 나중에 사스SARS로 불릴 질병의 원인을 알아내게끔 했다. 그 각각도 여러 개의 팀으로 이뤄진 연구소들은 매일 회의를 열어 정보를 공유하고 결과를 토론하며 함께 조사했다. 그리고 4월에는 질병의 원인인 신종 바이러스를 분리하는 데 성공했다. 어느 한 사람이 과정을 책임진 게 아니었고, 어느 한 사람이 발견의 공을 주장할 수 있는 게 아니었다. 서로위키가 상기시키듯이, 과학은 〈대단히 집단적인 사업이다〉. 그것은 집단의 생산물이다.

5. B형 간염 백신과 공중 보건 조치의 계급성

아들은 모든 백신을 다 맞았지만, 표준 일정표에 지시된 접종 중에서 지정된 시점에 맞지 않은 게 하나 있다. 그것은 아이의 첫 번째 접종이 되어야 했던 것, 대부분의 아기들이 출생 직후에 맞는 B형 간염 백신이었다. 아이가 태어나기 전 몇 달 동안, 대학에서 학생들을 가르치고 중고 아기 침대를 눈길에 끌고 오고 책장을 치워서 아기 침대를 놓을 공간을 마련하는 동안, 나는 저녁이 되면 예방 접종에 관한 글을 읽었다. 백신을 두려워하는 사람들이 있다는 것은 임신하기 전에도 알았다. 그러나 내가 임신 기간 중에 발견할 미로처럼 얽힌 불안들의 그물망에 대해서는, 난무하는 가설들과 시시콜콜한 첨가제들과 다양한 이데올로기들에 대해서는, 준비가 되어 있지 않았다.

산달이 되었을 때는 내 조사 범위가 밤마다 혼자 공부해서 아우를 수 있는 한계를 넘어섰다는 걸 깨달았다. 그래서 아이의 주치의로 고른 소아과 의사를 찾아갔다. 내가 친구들에게 의사를 추천해 달라고 했을 때 많은 친구가 그의 이름을 댔고, 산파도 그랬는데, 산파는 그를 〈좌파〉라고 표현했다.[8] 내가 그 소아과 의사에게 B형 간염 백신의 목적을 묻자 그는 〈아주 좋은 질문입니다〉라고 대꾸했는데, 그 말투는 꼭 자신이 대답하기를 즐기는 질문이라는 뜻 같았다. 그는 내게 B형 간염 백신은 도심 거주자를 위한 거라고, 즉 마약 중독자나 매춘부의 아기를 보호할 요량으로 만들어진 거라고 설명했다. 나 같은 사람은 걱정할 필요가 없는 백신이라고 보증했다.

그때 의사가 나에 대해 알았던 건 눈에 보이는 게 전부였다. 그는 내가 도심에 살지 않는다고 정확하게 추측했다. 당시 내게는 비록 내가 시카고 교외에서 살긴 하지만 우리 동네는 사람들이 〈도심〉이라고 부르는 상태와 아주 비슷하다는 사실을 의사에게 밝혀야 한다는 생각이 미처 떠오르지 않았다. 지금 돌아보면, 그의 인종 차별적 속뜻을 전혀 알아차리지 못했던 게 부끄럽다. 나는 그 백신이 나 같은 사람을 위한 게 아니라는 말에 안도한 나머지, 그 말의 정확한 의미를 파악하지 못했다.

공중 보건 조치는 우리 같은 사람들을 위한 게 아니라는 믿음은 나 같은 사람들 사이에 널리 퍼져 있다. 우리는 공중 보건이란 덜 가진 사람들을 위한 것이라고 가정한다. 교육을 덜 받고, 덜 건강한 습관을 갖고 있고, 질 좋은 건강 관리 서비스를 덜 누리고, 시간과 돈을 덜 가진 사람들. 한 예로, 한번은 나와 같은 계급의 어머니들이 아동 표준 예방 접종 일정표에서 몇몇 백신을 한 번에 묶어서 맞히는 건 가난한 어머니들이 26회의 권장 접종을 따로따로 맞힐 만큼 의사를 자주 찾아가지 않을 거라서 그렇다고 말하는 걸 들었다. 나를 포함하여 그 어떤 어머니라도 그렇게 잦은 방문은 벅찰 거라는 점은 아랑곳없이 말이다. 우리는 표준 일정표에 대해서 〈그건 저이들 같은 사람들을 위한 거야〉라고 생각하는 듯하다.

저널리스트 제니퍼 마굴리스는 잡지 『마더링』에 쓴 기사에서 신생아에게 B형 간염 백신을 맞히는 관행에 분개하면서, 왜 자신이 자기 딸이 〈걸릴 가능성이 없는 성 매개 감염병에 대한〉 백신을 딸에게 맞히도록 권유받아야 하느냐고 물었다. B형 간염은 섹스뿐 아니라 체액을 통해서도 전달되므로, 신생아가 B형 간염에 걸리는 제일 흔한 경로는 산모를 통해서다. B형 간염에 걸린 산모가 낳은 아기는 — 그리고 산모는 자신도 모르는 채 바이러스를 보유하고 있을 수 있다 — 생후 12시간 내에 백신을 맞지 않으면 거의 틀림없이 B형 간염에 걸린다. 바이러스는 아이들끼리의 근접 접촉을 통해서도 전달될 수 있고, 어떤 연령의 사람이든 겉으로 드러나는 증상 없이 바이러스를 보유할 수 있다. 사람 유두종 바이러스를 비롯한 다른 숱한 바이러스와 마찬가지로 B형 간염 바이러스는 발암 물질이고, 그로 인해 암이 발생할 확률은 어릴 때 바이러스에 감염된 사람에게서 가장 높다.

B형 간염 백신 접종의 한 가지 수수께끼는 최초의 공중 보건 전략이었던 〈고위험군〉 접종만으로는 감염률을 낮출 수 없었다는 것이다.[9] 1981년에 B형 간염 백신이 처음 도입되었을 때는 수감자, 보건 노동자, 게이 남성, 정맥 주사를 쓰는 마약 복용자에게만 권유되었다. 그러나 B형 간염 감염률은 변함이 없었고, 그로부터 십 년 뒤에 모든 신생아에게 백신을 권장했을 때야 비로소 낮아졌다. 집단 접종만이 감염률을 낮출 수 있었던 것이다. 덕분에 이제 B형 간염은 아이들에게는 사실상 사라진 질병이 되었다.[10]

수전 손택은 〈위험군〉이라는 개념이 〈질병이 타락한 공동체를 심판해 왔다는 낡아 빠진 생각을 되살린다〉고 말했다. B형 간염의 경우, 위험 평가는 상당히 복잡한 일로 밝혀졌다. 딱 한 명의 파트너하고만 섹스를 해도 위험이 있고, 산도를 거쳐서 태어나는 과정에도 위험이 있다. 감염원이 영영 알려지지 않는 경우도 많다. 나는 내가 출산 중에 피를 많이 흘릴 거란 사실을 알기 전, 아들에게 B형 간염 백신을 맞히지 않겠다고 결정했다. 아이가 태어난 순간에는 내가 위험군에 속하지 않았다. 하지만 아이에게 젖을 물리는 시점에 나는 수혈을 받은 뒤였고, 내 상태는 변해 있었다.[11]

　미국 최후의 전국적 천연두 집단 발병이 시작되었던 1898년, 어떤 사람들은 백인은 천연두에 걸리지 않는다고 믿었다.[12] 그 병은 〈깜둥이 가려움증〉이라고 불렸고, 이민자와 연관된 곳에서는 〈이탈리아 가려움증〉이나 〈멕시코 혹〉이라고 불렸다. 뉴욕에서 천연두가 터지자, 시는 경찰관들을 보내어 이탈리아와 아일랜드 이민자가 많이 사는 다세대 주택에서 강제로 백신을 접종시키는 일을 거들게 했다. 그리고 켄터키 주 미들즈버러에 천연두가 다다랐을 때, 시는 흑인 구역 거주자 중 백신을 거부하는 사람에게는 머리에 총부리를 겨누어서 접종시켰다. 이런 조치는 확실히 질병 전파를 저지했지만, 당시 파상풍을 비롯한 다른 질병의 감염으로 이어질 수 있었던 백신의 위험을 제일 취약한 집단이 도맡아 지게끔 만들었다. 특권층을 보호하기 위해서 가난한 사람들을 동원했던 것이다.

백신을 둘러싼 논쟁은 예나 지금이나 과학의 완벽성을 둘러싼 논쟁으로 묘사되곤 하지만, 사실은 힘에 관한 이야기로도 쉽게 이해될 수 있다.[13] 1853년 영국이 무료 백신 접종을 의무로 강제했을 때 그에 저항했던 노동 계급 사람들은 부분적으로는 자신들의 자유를 걱정한 것이었다. 영아 자녀에게 백신을 맞히지 않으면 벌금, 구금, 재산 압류를 당해야 하는 처지였던 그들은 자신들의 곤경을 곧잘 노예제에 비유했다.[14]

노예제와 마찬가지로, 백신 접종은 몸의 자결권에 관한 몇 가지 절박한 질문을 일으킨다. 그러나 역사학자 나디아 두어바흐가 지적했듯이, 당시 백신 반대자들은 공동의 목적을 지닌 대의로서 노예제 폐지에 관심이 있었던 게 아니라 개인의 자유에 대한 은유로서만 관심이 있었다. 백인 노동자들이 백신 접종에 저항했던 건, 노예들을 풀어 주려고 시도하다가 실패한 탓에 아들들과 함께 교수형을 당했던 존 브라운의 무모하리만치 이타적인 정신을 좇아서가 아니었다. 두어바흐는 영국의 백신 반대 운동에 대해서 이렇게 말했다. 〈백신 반대자들은 노예 혹은 식민지 아프리카인의 정치적, 감정적, 수사적 가치를 끌어다 쓰는 데 서슴없었다. 그러나 영국 백인 시민들의 고통이 다른 곳에서 억압받는 사람들의 고통보다 우선한다고 주장하는 데는 그보다 더 서슴없었다.〉달리 말해, 반대자들의 주된 관심사는 자기들 같은 사람들이었다.

그 운동의 역사를 기록한 책에서, 두어바흐는 백신 거부자들이 자기 몸을 〈남을 전염시킬 잠재력이 있기에 사회에 위험할 수도 있는 몸이 아니라 오염과 침해에 극도로 취약한 몸으로만〉 보았다고 자주 말한다. 당연히 그들의 몸은 전염 능력이 있으면서 동시에 취약했다. 그러나 가난한 사람들의 몸이 공중 보건상 골칫거리로, 남들에게 위험한 존재로 여겨지던 시대와 장소에서, 자신의 취약성을 알리는 건 가난한 사람들이 스스로 해야 할 일이었다.[15]

만일 그 시절에 가난한 사람들이 자신의 몸이 그저 위험만은 아니라고 말하는 게 의미 있는 일이었다면, 오늘날 우리 가난하지 않은 사람들이 우리 몸은 그저 취약한 것만은 아니라고 인정하는 것도 그만큼 의미 있는 일일 것이다. 어쩌면 중산층이 〈위험에 처한〉 상황이라는 게 사실일지도 모르겠지만, 어쨌든 우리는 몸을 갖고 있다는 사실 하나 때문에라도 동시에 위험한 존재들이다. 우리 시대가 철저히 취약한 존재로 여기도록 부추기는 아이들의 작은 몸도, 사실은 질병을 퍼뜨릴 능력이 있기 때문에 위험한 존재이기도 하다. 샌디에이고의 미접종 소년 사건을 떠올려

보라. 2008년에 스위스로 여행 갔다가 홍역에 걸려 돌아온 소년은 자신의 두 형제, 학교 친구 다섯, 소아과 대기실에서 만난 아이 넷을 감염시켰다.[16] 감염된 아이들 중 셋은 너무 어려서 백신을 맞을 수 없는 영아였고, 그중 한 명은 입원해야 했다.

질병 통제 예방 센터의 2004년 데이터 분석에 따르면, 백신 미접종 아이들은 주로 백인이고, 대학 교육을 받았으며 비교적 나이가 많은 기혼의 어머니를 두었고, 소득이 7만 5천 달러 이상인 가정에서 사는 경우가 많다. 꼭 내 아이처럼. 또한 미접종 아이들은 한동네에 몰려서 사는 경향이 있으므로, 그 아이들이 병에 걸리면 쉽게 전파되고, 그러다가 유행이 돌아서 불완전 접종 아이들에게까지 전달될 확률이 높다. 불완전 접종 아이란 권장 예방 접종을 일부는 맞았지만 전부 다 맞진 않은 아이를 말하는데, 그런 아이들은 주로 흑인이고, 비교적 나이가 어린 미혼의 어머니를 두었고, 주 경계를 넘어 이사 다니고, 가난하게 사는 경우가 많다.

「백신은 다수 집단을 동원해서 소수 집단을 보호함으로써 효과를 발휘하지.」 아버지의 설명이다. 이때 아버지가 말한 소수 집단이란 해당 질병에 특히 취약한 사람들이다. 인플루엔자의 경우, 노인들이다. 백일해의 경우, 신생아들이다. 풍진의 경우, 임신부들이다. 하지만 상대적으로 부유한 백인 여성들이 제 자식에게 백신을 맞히는 건, 독신인 어머니가 최근에 이사를 했기 때문에 선택에 따라서가 아니라 상황에 따라서 미처 아이를 완전 접종시키지 못한 일부 가난한 흑인 아이들을 보호하는 데 동참하는 일일 수 있다. 이것은 한때 특권층의 이익을 위해서 가난한 사람들의 육체적 예속을 끌어내는 행위였던 백신 접종의 옛 적용 방식을 완전히 뒤집는 셈이다. 적어도 오늘날은, 공중 보건이 전적으로 나 같은 사람만을 위한 건 아니라는 생각이, 오히려 어떤 공중 보건 조치들이 우리를 통해서, 말 그대로 우리 몸을 통해서 구현된다는 생각이 조금쯤 진실이다.

6. 우리에게는 병균이 필요하다

「우리 병균 얘기했어.」 유치원을 처음 다니기 시작한 어느 날, 아들이 돌아와서 말했다. 대명사와 과거 시제 때문에 쉽지 않은 문장이라서, 아이가 몇분을 묵묵히 궁리하다가 꺼낸 말이었다. 아이는 파이프클리너를 엮고 꼬아서 만든 〈병균〉을 들고 있었는데, 아닌 게 아니라 아이가 유치원에 있는 동안 내가 훌훌 넘겨 본 면역학 교과서에 나온 전자 현미경 사진들과 닮은 구석이 아주 없지도 않았다. 나는 물었다.「뭐 배웠어?」「병균은 아주아주 작고, 아주아주 더러워.」아이는 새로 배운 지식을 나누는 게 기뻐서 신나게 설명했다.「맞아. 그러니까 아침에 유치원에 가면 손을 씻어야 하는 거야. 병균을 씻어 내야 다른 아이들한테 안 옮기지.」내가 말하자 아이는 엄숙하게 고개를 끄덕였다.「병균은 아프게 만들어. 기침 하게 만들어.」대화는 여기에서 끝났다. 두 살짜리 아들이 단순한 문장 두어 개만으로 내가 병원체에 대해 아는 지식을 전부 다 말해 버린 탓도 있었다. 어쩐지 각성하게 되는 순간이었다. 이 대화 이후, 나는 의학 사전에서 〈점germ〉을 찾아보고는 그 단어가 두 가지 용도로 쓰인다는 걸 새삼 깨우쳤다. 이 단어는 보통 질병을 일으키는 미생물을 가리키는 〈병균〉을 뜻하지만, 새로운 조직을 만들어 낼 능력이 있는 몸의 일부를 가리키는 〈배아〉라는 뜻도 된다. 우리는 병을 일으키는 것과 성장을 일으키는 것을 같은 단어로 부른다. 그리고 이 단어의 어원은, 그야 물론 〈씨앗〉이다.

우리에게는 병균이 필요하다. 병균에 노출되지 않으면 아이의 면역계가 기능 장애를 일으키기 쉽다는 걸 이제 우리는 잘 안다. 1989년, 면역학자 데이비드 스트라칸은 아이에게 손위 형제자매가 있는 것, 대가족과 함께 사는 것, 과도하게 위생적이지 않은 환경에서 사는 것이 천식과 알레르기를 발달시키지 않는 데 도움이 될지도 모른다는 가설을 제안했다. 이 〈위생 가설〉에 따르면, 지나치게 깨끗하고 지나치게 질병이 없는 상태란 게 가능하다는 말이다.

위생 가설이 지지를 얻자 과학자들은 어떤 특정한 아동기 질병이 알레르기를 예방하는지 찾아보았으나, 이런 사고방식은 그보다는 환경의 전체적인 세균 다양성이 더 중요하다는 생각에 밀려났다. 2004년에 미생물학자 그레이엄 룩은 〈오래된 친구들〉 가설을 제안하여, 건강한 면역계는 비교적 근래에 생겨난 질병들인 아동기 질병을 통해서 확보되는 게 아니라 인류가 수렵 채집인이었던 시절부터 함께했던 고대의 병원체들에 노출됨으로써 확보되는 것이라고 주장했다. 그런 〈오래된 친구들〉에는 우리 피부, 폐, 코, 목, 장에서 살아가는 세균은 물론이고 기생충도 포함된다.

요즘도 위생 가설을 감염성 질병을 예방하지 말아야 할 이유로 해석하는 사람들이 있다. 한 친구는 내게 〈아직 정확히는 모른다지만, 홍역 같은 질병이 건강에 꼭 필요할지도 모른대〉라고 말했다. 하지만 아메리카 대륙의 선주민들은 몇천 년 동안 홍역 없이 살았고, 비교적 최근에 대륙에 홍역이 도입되었을 때 그 결과는 처참했다. 그리고 설령 우리가 백신으로 홍역을 근절하더라도(이론적으로 충분히 가능한 일이다) 그 밖에도 수많은 병균이 남아 있다. 바닷물 한 티스푼에만도 약 백만 가지 바이러스가 담겨 있다. 비록 우리가 필요한 만큼 충분히 많이 미생물과 접촉하지 못하고 있을지라도, 우리에게 필요한 세균이 지구에 부족할 일은 절대로 없다.

사람의 백신 접종으로 말미암아 멸종한 바이러스가 딱

하나 있긴 하다. 마마 바이러스나 두창 바이러스라고도 불리는 천연두 바이러스다. 그러나 바이러스는 유전자 변이에 특별한 재주가 있기 때문에, 지금도 끊임없이 새로운 바이러스가 알아서 만들어지고 있다. 바이러스는 병원체의 여러 종류 중에서도 제일 골치 아픈 존재일 것이다. 바이러스는 정확히 무생물은 아니지만, 엄밀하게 따지면 살아 있다고도 할 수 없다. 바이러스는 먹지 않고, 자라지 않고, 일반적으로 다른 생물들이 사는 것처럼 살지 않는다. 바이러스가 번식하려면, 아니 그 밖에 무슨 일이라도 하려면, 일단 다른 살아 있는 세포 속으로 들어가야 한다. 바이러스 그 자체는 작디작은 불활성 유전 물질 덩어리에 지나지 않는다. 워낙 작아서 보통의 현미경으로는 보이지 않는다. 다른 세포로 들어간 바이러스는 그 세포의 몸을 활용해서 자신을 복제한다. 바이러스의 작동 방식은 종종 공장에 비유되는데, 그것은 바이러스가 세포로 들어가서 그 속의 장치들을 탈취함으로써 수많은 바이러스를 새로 생산해 내기 때문이다. 그러나 내게는 바이러스가 산업적인 존재라기보다 초자연적인 존재로 느껴진다. 바이러스는 좀비, 아니면 시체 도둑, 아니면 뱀파이어다.

간혹 바이러스가 생물체를 감염시켰을 때, 바이러스의 DNA가 그 생물체의 유전 부호의 일부가 되어 그 생물체의 후손에게 전달되는 경우가 있다. 인간의 유전체 중 꽤 놀랄 만큼 많은 양이 그처럼 옛 바이러스 감염이 남긴 부스러기들이다. 그런 유전 물질 중 일부는 우리가 아는 한 아무 일도 하지 않고, 다른 일부는 특정 조건에서 암을 일으키며, 또 다른 일부는 우리의 생존에 꼭 필요하다. 인간 태아를 감싸는 태반의 바깥 막을 형성하는 세포들은 옛날옛적에 바이러스에서 유래했던 유전자를 사용하여 서로 결합한다. 많은 바이러스는 우리가 없으면 번식하지 못하지만, 우리도 바이러스에게서 얻었던 것 없이는 번식하지 못하는 것이다.

우리 면역계 중에서도 장기 면역을 발달시키는 일을 담당하는 후천 면역계는 필수 기술 하나를 바이러스의 DNA에서 빌려 왔다고 한다. 일부 백혈구는 마치 난수 발생기처럼 유전 물질의 DNA 서열을 무작위로 뒤섞음으로써 무수한 종류의 병원체를 인식할 줄 아는 무수한 종류의 세포를 만들어 낸다.[17] 그런데 그 기술은 우리 기술이기 이전에 바이러스의 기술이었다. 과학 저술가 칼 짐머가 말하듯이, 인간과 바이러스 사이에는 〈내 편 네 편이 없다〉.

7. 오염에 대한 두려움

아들이 태어난 첫해에 질병 통제 예방 센터가 발령했던 신종 독감 경보가 낳은 결과는, 다른 무엇보다도, 항균 비누와 손 소독제의 범람인 듯했다. 식료품점의 카트 보관소마다 위생 물티슈가 배치되었고, 계산대마다 펌프식 손 소독제가 놓였다. 공항의 보안 검색대에, 우체국에, 우리 도서관의 대출대에도 큰 통에 든 손 소독제가 등장했다. 그 소독제들은 독감의 위협이 누그러진 뒤에도 오래 자리를 지켰다.

나는 일상적으로 손을 소독하는 게 영 내키지 않았다. 병원에서 회진을 돌 때마다 손을 반복적으로 씻느라 자주 손이 갈라졌던 아버지는 세균을 죽인다고 약속하는 물건이라면 뭐든 의심하고 보는 마음을 내게 심어 주었다. 아버지는 모든 세균을 죽여야 하는 건 아니라고 말했다. 아버지는 세균을 씻어 내기보다 아예 죽이는 행동에서 십자군을 떠올렸는데, 옛날 한 수도원장은 어떻게 신자와 이단자를 구별하면 좋겠느냐는 질문에 이렇게 답했다고 한다. 〈모조리 죽여라. 신은 제 백성을 알아보실 것이다.〉

손 소독제가 무차별로 세균을 죽이는 와중에, 과학자들은 임신부의 소변에, 신생아의 제대혈에, 수유하는 산모의 모유에까지 트리클로산이라는 화학 물질이 들어 있다는 걸 발견했다. 항미생물제인 트리클로산은 치약, 구강 세정제, 데오도란트, 세척제, 세제, 기타 등등에 쓰이며 거의 모든 액상 항균 비누와 많은 손 소독제에도 들어가는 유효 성분이다.

우리가 트리클로산에 대해서 아는 건 그 물질이 낮은 농도일 때는 〈좋은〉 미생물과 〈나쁜〉 미생물의 증식을 둘 다 방해한다는 것, 그리고 높은 농도일 때는 그것들을 죽일 수 있다는 것뿐이다. 트리클로산이 하수에, 개천에, 심지어 정수 처리된 식수에 들어 있다는 것도 안다. 트리클로산은 전 세계 야생 어류에, 지렁이에, 큰돌고래의 피에 들어 있다. 그러나 이 사실이 생태계에 정확히 어떤 의미인가는 우리가 모른다.

불운한 생쥐들, 쥐들, 토끼들이 동원된 적잖은 분량의 연구를 요약하자면, 트리클로산은 인체에 그다지 해롭지 않은 듯하다. 그러나 평생 지속적으로 노출되었을 때의 장기적 효과는 아직 알 수 없다. 최소한 하나의 대형 화학 회사가 항의했음에도 불구하고, 미국 식품 의약청FDA은 트리클로산을 2008년 국가 독성 연구 프로그램에서 좀 더 조사할 대상으로 지정했다. 내가 그 프로그램에 대해서 이야기를 나눈 독성학자 스콧 매스턴은 트리클로산이라는 주제에 심드렁한 편이었다. 내가 자꾸 조르자, 그는 이렇게 털어놓았다. 「나는 항균 비누를 안 삽니다. 그게 걱정되어서가 아니라, 아무 이점이 없기 때문이에요.」이미 많은 연구에서, 항균 비누로 씻는 게 그냥 비누와 물로 씻는 것보다 세균을 더 잘 제거하진 않는다는 결과가 나왔다. 매스턴 박사가 넌지시 말한 바에 따르면, 트리클로산이 비누에 들어 있는 건 오로지 회사들이 세균을 씻어 내기보다 죽인다고 약속하는 항균 제품에 대한 시장을 발견했기 때문이다.

나는 트리클로산이 가하는 위험이 백신의 몇몇 성분이 가하는 위험에 견주어 어느 정도인지 따져 보면 좋겠다고 생각했고, 그에게 그렇게 말했다. 우리는 거의 지속적으로 트리클로산에 노출된 채 살고 있으며, 트리클로산은 그 물질이 담긴 제품을 쓰지 않은 사람의 소변에서도 검출된다. 반면에 우리가 백신을 통해서 미량의 다른 화학 물질에 노출되는 사건은 평생 몇십 회로 한정된다. 그러나 나는 이 생각을 좀 더 따져 보기 위해서 트리클로산에 연관된 위험을 과대평가하는 실수를 저지르긴 싫었고, 매스턴 박사에게도 그렇게 말했다. 그는 〈상대적 위험 평가란 제대로 전달하기 어려운 문제죠〉라고 동의했다. 그리고 내게 상기시켰다. 트리클로산이 인체에 가하는 건강상 위험은 아마 작겠지만, 아무런 효용도 없는 제품이라면 아무리 작은 위험도 용인되지 말아야 한다는 것을.

백신에 대한 두려움은 백신의 이득이 피해보다 훨씬 크다고 장담하는 전문가들의 위험-편익 분석이 아무리 많이 등장하더라도 쉽게 잦아들지 않는 듯하다. 백신으로 인한 심한 부작용은 드물다. 그러나 정확히 얼마나 드문지는 계량하기 어려운데, 한 이유는 백신에 연관된 합병증은 애초에 그 백신이 예방하려고 하는 감염에 의해서 자연적으로도 발생하는 합병증일 때가 많아서다. 홍역, 볼거리, 수두, 인플루엔자에 자연적으로 감염되더라도 뇌가 감염되어 붓는 병인 뇌염에 걸릴 수 있다. 우리는 아무 병에도 걸리지 않았고 아무 백신도 맞지 않은 인구 집단에서 뇌염의 기저 발병률이 얼마나 되는지 모른다. 그러나 홍역 환자 1,000명 중 약 1명꼴로 뇌염이 따른다는 건 알고, MMR(홍역-볼거리-풍진) 백신 접종자 300만 명 중 약 1명꼴로 접종 후 뇌염 발생이 보고된다는 건 안다. 그런 사례는 워낙 드물기 때문에, 연구자들은 그런 뇌염이 정말 백신 때문에 일어난 건지 아닌지를 확실히 결론 내리진 못했다.

2011년 미국 의학 한림원의 의뢰에 따라, 18명의 의료 전문가로 구성된 위원회는 12,000건의 백신 연구를 검토한 뒤 백신의 〈유해 사건〉에 대한 종합적인 보고서를 제출했다.[18] 위원회는 MMR 백신이 면역계가 약한 사람에게서 아주 드물게 홍역 봉입체 뇌염이라는 현상을 일으킬 수 있다는 설득력 있는 증거를 확인했다. MMR 백신은 또 고열로 인한 발작을 일으킬 수 있는데, 이 발작은 보통 가볍고, 장기적인 피해를 남기지 않는다. 수두 백신은 특히 면역계가 약해진 사람에게 수두를 일으킬 수 있다. 그리고 알레르기가 심한 사람에게 아나필락시스(초과민성) 알레르기 반응을 일으킬 수 있는 백신이 여섯 가지 있다. 어떤 종류의 백신이든 주사 후 실신과 근육통을 일으킬 수 있는데, 그것은 백신 때문이 아니라 주사 행위 자체 때문이다.

그렇다면 백신이 일으키지 않는 건 뭘까? 보고서는 백신이 일으키는 현상보다 일으키지 않는 현상을 확인하는 게 상당히 더 어렵다고 설명한다. 어떤 사건이 벌어졌거나 벌어질 수 있다는 걸 증명하려면 묵직한 양의 증거를 모으면 되겠지만, 어떤 사건이 벌어질 수 없다는 걸 증명하려면 증거가 아무리 많아도 부족하다. 그래도 위원회가 검토한 증거들은 MMR 백신이 자폐증을 일으킨다는 가설을 〈기각할 것을 선호했다〉. 보고서가 발표된 시점은 미국 전국 여론 조사에서 응답한 부모의 4분의 1이 백신이 자폐증을 일으킨다는 가설을 믿는다고 답변했다는 결과가 발표된 직후였다. 더구나 절반이 넘는 부모들은 백신으로 인한 심한 부작용을 걱정한다고 답변했다.

〈위험 인식, 즉 사람들이 주변 환경의 위험 요소에 대해 내리는 직관적 판단은 전문가들이 제공하는 증거에 완강하게 저항하곤 한다.〉 역사학자 마이클 윌리히는 그렇게 말했다. 우리는 우리를 해칠 가능성이 가장 높은 것들은 오히려 겁내지 않는 경향이 있다. 우리는 운전을 한다. 그것도 아주 많이 한다. 술을 마시고, 자전거를 타고, 너무 오래 앉아 있는다. 그러면서 오히려 통계적으로 따져서 별달리 위험하지 않은 것들을 걱정한다. 우리는 상어를 무서워하지만, 순 사망자 수로 따지자면 지구에서 제일 위험한 생물은 모기일 것이다.

〈사람들은 어떤 위험이 많은 사망자를 낳고 어떤 위험이 적은 사망자를 낳는지를 제대로 알까?〉 법학자 캐스 선스타인은 이렇게 물었다. 〈모른다. 사람들은 사실 큰 실수들을 저지른다.〉 선스타인은 이 결론을 『위험 판단 심리학』

의 저자 폴 슬로빅의 연구로부터 끌어냈다.[19] 슬로빅은 실험을 통해서 사람들에게 다양한 사망 원인을 서로 비교해 보라고 시켰는데, 그 결과 피험자들은 사고가 질병보다 더 많은 사망자를 낳고 살인이 자살보다 더 많은 사망자를 낳는다고 믿는다는 게 확인되었다. 실제로는 둘 다 반대인데 말이다. 다른 실험에서, 피험자들은 암이나 토네이도처럼 보도가 많이 되거나 극적인 위험의 사망률을 상당히 과대 평가하는 경향을 드러냈다.

선스타인처럼, 이 결과를 대부분의 사람들은 위험을 잘못 판단한다는 뜻으로 해석할 수도 있다. 하지만 위험 인식은 계량 가능한 위험에 관한 문제이기보다 측정 불가능한 두려움에 관한 문제일지도 모른다. 우리의 두려움은 역사와 경제, 사회적 힘과 낙인, 신화와 악몽의 영향을 받는다. 그리고 우리가 강하게 품는 여느 믿음처럼, 우리의 두려움은 우리에게 소중하다. 슬로빅이 실험에서 확인했던 경우처럼 사람들이 자신의 믿음을 반박하는 정보를 접할 때, 우리는 자신이 아니라 정보를 의심하는 경향이 있다.

『뉴욕 타임스』의 기사에 따르면, 〈다른 어떤 소비재보다 많은 사고를 일으키는 물건은 자전거이지만, 2등으로 바짝 뒤따르는 침대도 만만치 않다〉.[20] 나는 침대도 자전거도 자주 쓰지만, 이 기사에서 경각심을 느끼진 않는다. 나는 자전거 뒷자리에 아들을 태우고 다니고, 아들이 내 침대에서 함께 자도록 허락한다. 아기가 식칼과 나란히 잠든 모습을 보여 주면서 〈당신이 아기와 함께 자는 것은 이만큼 위험합니다〉라고 경고하는 공익 광고 포스터를 본 적이 있는데도 말이다. 연구자들이 나 같은 사람에게서 목격하는 통계적 위험 무시 현상은, 부분적으로나마, 위험에 휘둘리는 삶을 살기 싫다는 마음 탓일 것이다. 우리는 아기와 함께 자는 데서 얻는 편익이 우리가 보기에는 위험을 능가하기 때문에 그렇게 한다. 아들의 탄생은 내가 임신 중에 예상했던 것보다 훨씬 큰 위험을 내 건강에 가했는데, 덕분에 나는 세상에는 감수할 가치가 있는 위험도 있다는 사실을 새삼 인정하게 되었다. 다 자란 자녀들을 둔 친구 하나는 말했다. 「아이를 갖는 건 우리가 감당할 수 있는 최대의 위험이지.」

선스타인은 〈어쩌면 중요한 건 사람들이 사실을 올바로 알고 있는가 아닌가가 아니라 사람들이 두려워하는가 아닌가일지도 모른다〉고 말했다. 그리고 사람들은 정말 두려워하는 것처럼 보인다. 우리는 대문을 잠그고, 아이를 공립 학교에서 전학시키고, 총을 사고, 수시로 손을 소독함으로써 다양한 두려움을 가라앉히는데, 그 두려움의 대부분은 사실상 남들의 두려움이다. 그러면서도 다른 한편 우리는 저마다의 방식으로 무모하다. 우리는 그저 재미로 무언가에 중독된다. 이 모순 때문에, 선스타인은 대중의 우선순위를 기반으로 삼는 규제 법규는 〈편집증과 방치〉의 패턴을 따르기 쉬울 것이라고 염려한다. 사소한 위험에는 지나치게 많은 관심을 쏟으면서 중대한 위협에는 지나치게 적은 관심을 쏟게 될지 모른다는 것이다.

이론가 이브 세지윅이 말했듯이, 편집증은 전염성이 있다. 세지윅은 편집증을 〈강력한 이론〉이라고 부르는데, 그것은 다른 사고방식을 죄다 몰아내는 폭넓고 환원적인 이론이라는 뜻이다. 게다가 편집증은 아주 자주 높은 지능으로 통한다. 세지윅이 말했듯이, 〈오늘날 무엇을 접하든 그로부터 편집증적이고 비판적인 태도 이외의 이론을 끌어내는 건 순진하고, 종교적이고, 순종적인 태도로 보이게 되었다〉. 그녀는 편집증적 사고가 반드시 망상이라거나 틀렸다고 생각하진 않는다. 다만 의혹에 그보다 덜 의존한 접근법들이 가치가 있다고 본다. 〈편집증은 어떤 건 아주 잘 알지만, 어떤 건 형편없이 모른다.〉

슬로빅은 대부분의 사람들이 화학 물질의 위험을 평가하는 데 쓰는 방법을 가리켜 직관적 독성학이라고 불렀다. 그의 연구에 따르면, 이 접근법은 독성학자들이 사용하는 방법과는 다르고 대체로 그것과는 다른 결과를 낳는다. 독성학자들은 〈용량이 독을 결정한다〉고 본다. 어떤 물질이든 과잉으로 쓰이면 독이 된다는 것이다. 예를 들어 물은 아주 많은 용량일 때는 인체에 치명적이라, 2002년 보스턴 마라톤 대회에서 주자가 수분 과잉으로 죽은 사건도 있었다. 그러나 대부분의 사람들은 물질을 용량과는 무관하게 안전한 것 아니면 위험한 것으로 생각한다. 그리고 이런 사고방식을 노출에 대해서까지 확장하여, 화학 물질에 노출되는 것은 아무리 짧거나 제한적이더라도 무조건 해롭다고 여긴다.

슬로빅은 이런 사고방식을 조사한 뒤, 독성학자가 아닌 보통 사람들은 독성에 대해서 〈전염의 법칙〉을 적용하는지도 모른다고 말했다. 작디작은 바이러스에 잠깐 노출된 것만으로도 평생의 질병에 걸릴 수 있는 것처럼, 우리는 해로운 화학 물질에 아주 조금만 노출되더라도 몸이 영구적으로 오염된다고 가정한다. 슬로빅은 이렇게 말했다. 〈오염된 상태는, 살았거나 죽었거나 아니면 임신했거나 아니거나 둘 중 하나이듯이 모 아니면 도의 성질을 가진 것으로 여겨지는 게 분명하다.〉

오염에 대한 두려움은, 다른 문화들처럼 우리 문화에도 널리 퍼진 믿음, 즉 무언가가 접촉을 통해서 우리에게 그것의 성질을 옮길 수 있다는 믿음에 뿌리를 내리고 있다.

우리는 오염 물질과 접촉함으로써 우리가 영원히 오염된다고 여긴다. 그리고 우리가 제일 두려워하게 된 오염 물질은 바로 우리가 직접 만들어 낸 제품들이다. 독성학자들은 이 견해에 동의하지 않지만, 많은 사람은 인공 화학 물질보다 천연 화학 물질이 본질적으로 덜 해롭다고 여긴다. 그렇지 않다는 온갖 증거에도 불구하고, 우리는 자연이 전적으로 선하다고 믿는 듯하다.

8. 자연은 선하다는 통념과 『침묵의 봄』

  대체 의학의 매력 중 하나는 그것이 대안 철학이나 대안 치료법뿐 아니라 대안 언어를 제공한다는 점이다.[21] 우리가 오염되었다고 느끼면, 대체 의학은 〈정화〉를 제공한다. 우리가 부적절하고 부족하다고 느끼면, 대체 의학은 〈보충제〉를 제공한다. 우리가 독소를 두려워하면, 대체 의학은 〈해독(디톡스)〉을 제공한다. 우리가 나이 들어 몸이 녹슬고 산화하고 있다고 걱정하면, 대체 의학은 〈항산화제〉로 안심시킨다. 이런 은유들은 우리의 근본적인 불안을 달랜다. 그리고 대체 의학의 언어가 잘 이해하듯이, 우리는 기분이 나쁠 때 뭔가 절대적으로 좋은 걸 바라기 마련이다.

  우리가 갖고 있는 의약품들은 대개 나쁜 점이 최소한 좋은 점만큼 있기 마련이다. 아버지는 입버릇처럼 〈의학에서 완벽한 치료법은 극히 드물지〉라고 말한다. 그야 사실이겠지만, 우리 의학이 우리 자신만큼 흠이 있다는 생각은 전혀 위안이 되지 못한다. 그리고 우리가 바라는 게 위안일 때, 대체 의학이 제공하는 가장 강력한 강장제는 천연natural 이라는 단어다. 이 단어는 인간의 한계에 좌우되지 않는 의학, 전적으로 자연이나 신이나 그도 아니면 지적 설계에 의해 마련된 의학을 암시한다. 자연이라는 단어는 의학의 맥락에서 순수함, 안전함, 무해함을 뜻하게 되었다. 그러나 자연을 좋음의 동의어로 쓰는 태도는 우리가 자연으로부터 심하게 괴리된 결과인 게 거의 분명하다.[22]

자연주의자 웬델 베리는 〈인간의 환경이 인공적인 것이 되어 갈수록 《자연》이 점점 더 가치 있는 용어가 되어 가는 것 같다〉고 말했다. 그는 또 이렇게 주장했다. 〈만일 우리가 인간 경제와 자연 경제를 반드시 서로 반대되거나 적대하는 것으로 여긴다면, 우리는 양쪽 모두를 파괴할 위험이 있는 그 대립 자체를 지지하는 셈이다. 오늘날 야생적인 것과 길들여진 것은 서로 별개의 것으로, 서로 유리된 가치로 보일 때가 많다. 하지만 그것들은 선과 악처럼 배타적인 극단들이 아니다. 둘 사이에 연속성이 존재할 수 있고, 존재해야만 한다.〉

요즘 어떤 부모들은 아이가 백신 없이 〈자연적으로〉 감염성 질병에 대한 면역을 발달시키도록 만든다는 발상에 매력을 느낀다. 그 매력은 백신이 본질적으로 부자연스러운 것이라는 믿음에 의지한 바가 크다. 그러나 백신은 인간과 자연 사이의 중간적 장소에 속하는 물질이다. 웬델 베리라면 그것을 숲으로 둘러싸인 잘 깎은 잔디밭이라고 표현했을지도 모르겠다. 백신은 우리가 바이러스에게 마구를 씌워 말처럼 길들이는 능력을 활용한다는 점에서 일종의 야생의 가축화라고 할 수 있지만, 그 백신의 활동은 한때 야생의 것이었던 물질에 대한 우리 몸의 자연스러운 반응에 의존한다.

백신 접종 후 면역을 생성하는 항체들은 공장이 아니라 인체에서 만들어진 것이다. 작가 제인 스미스의 말을 빌리면, 〈약학의 세계에서 최대의 구분은 생물학적 제제와 화학적 제제다.[23] 즉, 살아 있는 물질에서 만들어진 약과 화학적 화합물에서 만들어진 약이다〉. 백신은 한때 살아 있었거나 지금도 살아 있는 유기체로부터 얻은 재료를 써서 면역계로 하여금 스스로를 보호하도록 만든다. 백신에 든 생 바이러스는 약화된 것으로, 동물의 몸을 통과시키는 방법으로 약화시키기도 하는데, 그래야만 건강한 접종자가 병에 걸리는 일이 없기 때문이다. 백신 접종의 가장 부자연스러운 특징은, 매사가 순조로울 경우 그 때문에 접종자가 질병에 걸리거나 질환을 드러내는 일이 없다는 점이다.

감염성 질병은 자연 면역의 주된 메커니즘 중 하나다. 우리가 아플 때나 건강할 때나, 질병은 늘 우리 몸을 통과하고 있다. 한 생물학자가 말했듯이, 〈우리는 아마도 늘 질병에 걸려 있겠지만 아픈 경우는 거의 없다〉. 질병이 질환으로 드러날 때야 비로소 우리는 그것을 〈자연의 순리를 거스른다〉는 의미에서 부자연스러운 것으로 본다. 헤모필루스 인플루엔자로 아이의 손가락이 까매졌을 때, 파상풍으로 아이가 입을 벌리지 못하고 몸이 경직될 때, 백일해로 아기가 숨 가빠할 때, 소아마비로 아이의 다리가 뒤틀리고 쪼그라들 때, 그제서야 질병은 자연스러워 보이지 않는다.

크리스토퍼 콜럼버스가 바하마 제도에 상륙하기 전, 아메리카 대륙에는 유럽과 아시아의 전염병들이 존재하지 않았다. 천연두도, 간염도, 홍역도, 인플루엔자도 없었다. 디프테리아, 결핵, 콜레라, 발진 티푸스, 성홍열을 일으키는 세균들은 이 대륙에는 없었다. 찰스 만은 『1493년』에서 〈최초로 기록된 전염병은 아마도 돼지 독감이었을 텐데, 1493년의 일이었다〉라고 적었다. 그해 이래, 유럽인들이 가져온 지렁이와 꿀벌은 아메리카 대륙의 생태계를 영영 바꿔 놓을 것이었고, 소와 사과나무는 대륙의 풍경을 달라지게 만들 것이었으며, 새로운 질병은 대륙의 인구를 격감시킬 것이었다. 이후 200년 만에 아메리카 대륙 선주민 인구의 4분의 3이나 그 이상이 질병에 스러졌다. 이 일련의 사건을 〈자연스럽다〉고 여기는 건 그 뒤에 이 대륙을 식민화한 사람들의 관점을 편드는 것일 테지만, 분명 〈인류가 만들거나 일으키지 않았다〉라는 단어의 정의를 만족시키진 못한다. 아메리카 대륙의 생태계는 결코 콜럼버스 이전 상태로 복원될 수 없겠지만, 백신을 통해서 전염병을 저지하려는 우리의 노력은 사소하나마 서식지 복원을 위한 조치일지도 모른다.

〈최근 몇 세기의 역사에는 어두운 대목들이 있었다. 서부 평야에서 버팔로들이 학살당했고, 돈벌이를 노린 포수들에게 물새들이 떼죽음당했고, 백로들은 깃털 때문에 절멸되다시피 했다.〉 레이철 카슨은 『침묵의 봄』에서 이렇게 말했다. 카슨이 이 글을 쓴 것은 원자력에 대한 인식이 첨예해지던 1950년대 말이었다. 그녀는 그런 어두운 대목들에 이어질 다음번 사건은 〈새로운 종류의 낙진〉일 거라고 경고했다. 전후 산업이 만들어 낸 살충제와 제초제가, 개중 일부는 원래 전쟁용으로 개발된 것이었는데, 비행기를 통해 드넓은 밭과 숲에 살포되고 있었다. 그런 물질 중 하나였던 DDT는 지하수로 스며들었고, 물고기들의 몸에 농축되었고, 새들을 죽였다. 그로부터 50년이 넘게 흐른 뒤에도 DDT는 전 세계 어류와 조류의 몸에서 검출되었으며, 산모들의 모유에서도 검출되었다.

1962년에 출간된 『침묵의 봄』은 미국 환경 보호국EPA의 창설과 미국 내 DDT 생산 금지라는 결과로 이어졌다. 책은 인간의 건강이 전체 생태계의 건강에 달려 있다는 생각을 대중화했지만, 카슨 자신은 생태계라는 단어를 쓰지 않았다. 그녀는 〈생명의 정교한 그물망〉이라는 은유를 선호했고, 그 그물망의 어느 지점에서든 교란이 벌어지면 그 떨림이 그물망 전체로 퍼진다고 설명했다. 카슨의 전기를 쓴 린다 리어는 〈『침묵의 봄』은 우리 몸이 경계가 아니란 걸 증명했다〉고 말했다.

우리 몸은 분명 경계가 아니지만, DDT는 카슨의 우려와는 좀 다른 물질이었다. 카슨은 DDT가 널리 암을 유발하는 발암 물질이라고 경고했다. 그러나 『침묵의 봄』 출간 후 몇십 년에 걸쳐 시행된 DDT 연구는 그 가설을 지지하지 않았다. DDT에 심하게 노출된 공장 및 농장 노동자들을 대상으로 숱한 연구가 이뤄졌지만, DDT와 암의 연관성은 확인되지 않았다. 특정 암을 살펴본 연구에서도 DDT가 유방암, 폐암, 고환암, 간암, 전립샘암 발병률을 높인다는 증거는 발견되지 않았다. 내가 이 이야기를 종양학자인 아버지에게 했더니, 아버지는 어릴 적 마을에 트럭이 와서 온 동네에 DDT를 살포했던 기억을 떠올렸다. 아버지와 형제자매들은 살포 중에는 집 안에 있어야 했지만, 트럭이 지나가자마자 뛰쳐나가 놀았다고 한다. 여태 나뭇잎에서 DDT가 똑똑 떨어지고 화학 물질 냄새가 공기에 감도는데도 말이다. 카슨이 DDT의 위험 중 일부를 과장했을지도 모른다는 것,[24] 그리고 몇몇 사실을 틀리게 말했다는 것에 대해 아버지는 크게 개의치 않았다. 왜냐하면 그녀는 〈할 일을 제대로 했으니까〉. 카슨은 우리를 일깨웠다.

저널리스트 티나 로젠버그도 〈이 책보다 더 크게 세상을 바꾼 책은 별로 없다〉고 인정했으나, 이어서 이렇게 말했다. 〈DDT는 환경에 오래 잔류함으로써 흰머리 독수리들을 죽였지만, 『침묵의 봄』은 대중의 뇌리에 오래 잔류함으로써 오늘날 아프리카 아이들을 죽이고 있다.〉 이 비난은 『침묵의 봄』 자체보다는 그 책의 상속인인 우리에게 가해져야 옳겠지만, 어쨌든 더 이상 DDT를 모기 퇴치제로 쓰지 않는 나라들 중 일부에서 말라리아가 되살아났다는 건 사실이다. 요즘 아프리카 아동 20명 중 1명이 말라리아로 죽고, 그보다 더 많은 아이가 뇌 손상을 입는다. 효과 없는 치료법, 독성 강한 예방약, 환경을 망치는 살충제가 여태 쓰이는데, 왜냐하면 말라리아에 쓸 수 있는 효과적인 백신은 아직 없기 때문이다.

안타깝게도 DDT는 현재 그런 장소에서 말라리아를 좀 더 효과적으로 통제할 수 있는 몇 가지 수단 중 하나다. 남아프리카 공화국 일부 지역에서는 일 년에 한 차례 집 안쪽 벽에 DDT를 바르는 것만으로 말라리아가 거의 근절되었다. 미국에서처럼 비행기로 수백만 에이커에 뿌리는 방법과 비교할 때, 이 적용 방법은 환경에 주는 충격이 비교적 적다. 그러나 DDT는 여전히 완벽하지 않은 해법이다. DDT를 생산하는 화학 회사가 거의 없고, DDT를 살 돈을 기꺼이 후원하려는 기부자는 없으며, 많은 나라는 딴 나라에서는 금지된 화학 물질을 쓰기를 꺼린다. 로젠버그는 〈말라리아를 겪는 가난한 나라들에게 벌어진 가장 나쁜 일은 부자 나라들에서는 그 질병이 근절되었다는 점일지 모른다〉고 말했다.

말라리아는 식민지 건설과 노예 무역을 통해서 아메리카 대륙으로 들어왔다. 한때는 저 북쪽 보스턴에서도 말라리아가 흔히 발생했다. 말라리아가 미국에서는 아프리카에서처럼 강고하게 뿌리 내리지 못했지만, 그래도 그 질병을 근절하기가 어려운 건 매한가지였다. 미국은 1920년대부터 수천 킬로미터의 도랑을 파헤쳤고, 늪의 물을 뺐고, 방충망을 설치했고, 수톤의 비소 살충제를 살포했다. 모두 말라리아를 퍼뜨리는 모기의 번식지를 파괴하고 모기를 내쫓기 위한 조치였다. 그러고는 최후의 공세로서 DDT를 수백만 가정의 벽에 발랐고, DDT 살충제를 비행기로 살포했다. 덕분에 1949년에는 미국에서 말라리아가 근절되었다. 여기에는 여러 이득이 따랐지만, 무엇보다 경제가 성장했다. 하버드 의학 대학원의 경제학자 매슈 본즈는 질병이 미치는 전반적인 효과를 사회에 만연한 범죄나 정부의 부패에 비교하며, 〈감염성 질병은 인적 자원을 체계적으로 약탈한다〉고 표현했다.

「이렇게 긴 질병 목록이라니!」 카슨은 눈에 염증이 생겨서 자신이 쓴 글을 읽을 수 없던 시기에 친구에게 하소연했다. 그러잖아도 『침묵의 봄』 집필은 궤양, 폐렴, 포도상 구균 감염, 두 개의 종양으로 늦춰진 터였다. 그녀는 『침묵의 봄』 출간 후 얼마 지나지 않아 자신을 죽이게 될 암을 사람들에게 비밀로 했다. 자신의 책이 과학적 증거 이외의 다른 어떤 동기에 따라 집필된 것처럼 보이길 원하지 않았기 때문이다. 그래서 그녀가 암과 벌인 개인적 싸움은 오로지 급감하는 흰머리 독수리 개체 수를 통해서, 부화하지 않는 알들을 통해서, 교외 잔디밭에 떨어져 죽은 울새들을 통해서만 이야기되었다.

카슨은 DDT가 암을 일으킬 수 있다고 주장했지만, 그래도 DDT가 질병 예방에 유용하다는 사실은 인정했다. 그녀는 〈책임감 있는 사람이라면 누구도 우리가 곤충 매개 질병을 무시해야 한다고 주장하진 못할 것이다〉라고 말했다. 단 화학 물질을 〈가상의 상황에〉 대뜸 적용할 게 아니라 실재적인 위협에만 적용해야 한다고 주장했다. 그녀는 화학 물질을 정보에 근거하여 분별 있게 사용할 것을 주장했을 뿐, 아프리카 아이들을 경시하자고 주장하진 않았다. 그러나 그녀의 책의 영속력은 내용의 세심함 덕분이라기보다는 공포를 야기하는 능력 덕분이었다.

『침묵의 봄』은 〈미래의 우화〉를 이야기하는 것으로 시작된다. 카슨은 참나무, 양치류, 야생화가 만발한 전원 풍경을 묘사한 뒤, 그것이 더 이상 새들의 노랫소리가 들리지 않는 묵시록적 황무지로 급속히 변해 가는 모습을 상상했다. 이어지는 이야기에서 오렌지를 따던 일꾼들은 갑자기 심하게 앓고, 거미를 싫어하던 주부는 백혈병에 걸리고, 막 감자밭에 농약을 뿌리고 돌아온 아버지를 달려 나가 반기던 소년은 농약 중독으로 그날 밤에 죽는다. 이것은 인류의 창조물이, 인류가 만든 괴물이 인간을 배신하는 공포 소설이다. 드라큘라와 마찬가지로 이 괴물은 안개처럼 공기를 떠돌고 흙 속에 잠복한다. 그리고 역시 『드라큘라』의 줄거리처럼, 『침묵의 봄』의 드라마는 선과 악, 인간과 비인간,

자연과 부자연, 고대와 현대라는 상징적인 대립들에게 의존한다. 그러나『드라큘라』의 괴물이 고대에서 비롯한 것인 데 비해,『침묵의 봄』에서는 현대적 삶이 곧 악이었다.

9. 〈내 편〉 혹은 〈네 편〉의 문제일까?

트리클로산은 환경을 망치고 우리 모두를 서서히 중독시키고 있다고, 나는 그 독성에 대한 자료를 읽기 시작한 직후에 결론지었다. 그런데 아니, 트리클로산은 인체에 무해하고 환경에 별다른 위험이 되지 않는 것도 같았다. 데이터를 어떻게 해석해야 할지 알 수 없어서, 내가 읽은 논문의 저자 중 한 명에게 전화를 걸었다. 식품 의약청의 연구자인 그는 친절한 목소리로 전화를 받았다. 나는 문제를 설명했고, 그는 나를 돕고는 싶지만 언론과는 이야기 나누면 안 되게 정해져 있다고 말했다. 나는 당시 『하퍼스』에 실을 기사를 쓰고 있었지만, 내가 언론이라는 생각은 한 번도 해본 적이 없었다.

실망한 나머지, 전화를 끊고 산더미로 쌓인 집단 면역 관련 논문에 얼굴을 묻은 채 잠들어 버렸다. 깨고 보니 인쇄

물의 잉크가 뺨에 들러붙어 있었다. 〈뮤니티munity〉라고
활자가 박혀 있었는데, 그건 라틴어로 병역이나 세금 의무
를 뜻하는 무니스munis에서 온 말이다. 「넌 사실 면역이
아니라 의무에 대해서 쓰고 있는 거야.」 몇 달 뒤에 한 동료
는 내게 이렇게 말했다. 그 말은 사실인 것 같았다. 물론 나
는 둘 다에 대해서 쓰고 있었지만.

　트리클로산이 좋은 건지 나쁜 건지 마음을 정하지 못한
채 자전거로 유치원에 아들을 데리러 갔는데, 비가 내리기
시작했다. 나는 깔깔 웃어 대는 아이를 안고 유치원에서
한 블록 떨어진 공립 도서관까지 뛰어갔다. 아이가 서가
사이를 쏘다니며 마구잡이로 그림책을 고르는 동안, 머릿
속에서는 내가 과연 언론인가 아닌가 하는 의문이 계속 나
를 괴롭혔다. 나는 그것을 소속에 대한 좀 더 폭넓은 질문
으로 이해했다.[25] 비록 내 글이 언론을 통해서 발표되긴 해
도, 내 마음에서는 내가 언론에 속하지 않았다. 그리고 만
일 언론의 반대말이 시인이라면, 나는 둘 다였다.

　아이는 자기네 말을 할 줄 아는 사람이 아무도 없는 지
구에서 혼자 길을 잃은 꼬마 외계인이 나오는 책, 자기처
럼 거꾸로 매달리지 않는 새들과 함께 살아가는 박쥐가 나
오는 책, 네 다리가 아니라 두 다리로 걷는다는 이유로 놀
림당하는 원숭이가 나오는 책을 안고 돌아왔다. 아이는

『두 발로 걷는 개키』속 말장난을 재미있어 했지만, 이야기의 중심이 되는 갈등을 이해하진 못했다. 아이는 의아해했다. 개키가 두 발로 걷는 걸 다른 원숭이들이 왜 뭐라고 해요? 나는 〈개키가 자기들하고 다르다는 데서 위협을 느끼기 때문이야〉라고 대답했다. 아이는 〈위협이 뭐예요?〉라고 물었다.

나는 한참 후에야 아이에게 위협의 정의를 알려 줄 수 있었는데, 왜냐하면 그림책들을 넘겨 보느라 바빴기 때문이었다. 소속의 문제는 어린이책에서 흔한 주제이고, 어쩌면 유년기 자체의 주제일지도 모르지만, 나는 그 책들이 모두 같은 이야기를 한다는 사실에 놀랐다. 그 책들은 모두 〈내 편〉과 〈네 편〉의 문제를 다뤘다. 박쥐는 새들과 함께 사는 데도 새들에게 진정으로 소속되지 못하고, 외계인은 지구에서 사는데도 지구를 집처럼 느끼지 못한다. 결국 박쥐는 박쥐 엄마와 다시 만나고, 외계인은 외계인 부모에게 구조된다. 그래도 몇몇 질문은 대답되지 않은 채 남는다. 한 새는 박쥐에게 물었다. 「우리는 왜 서로 이렇게 다른데도 이렇게 비슷하게 느끼지?」 다른 새는 의아해했다. 「우리는 왜 서로 이렇게 다르게 느끼는데도 이렇게 비슷하지?」

박쥐와 새는 생물학적 분류에서 서로 다른 강(綱)에 속하지만, 모든 아이가 알듯이 둘 다 하늘을 난다. 박쥐가 나오는 그림책인『스텔라루나』는 범주의 혼란과 경계의 파열을 조금 허락하긴 했다. 그래도 〈내 편〉〈네 편〉 사고방식은 모두가 이 범주 아니면 저 범주에 확실히 소속되어야 한다고 고집한다. 애매한 정체성이나 외부에서 온 내부자의 여지를 허락하지 않는다. 박쥐와 새의 동맹, 지구에 정착하는 외계인, 한창 진화하는 중인 원숭이를 허락하지 않는다. 그러니 〈내 편〉과 〈네 편〉의 대립은, 웬델 베리가 경고했듯이 〈양쪽 모두를 파괴할 위험이 있는 그 대립〉이다.

「당신이 우리 편이란 걸 압니다.」백신 접종의 정치학에 관해서 토론하던 중, 어느 면역학자가 내게 말했다. 나는 그 말에 동의하지 않았는데, 그건 그저 그가 이야기하는 방식대로라면 양측 모두가 내게 불편하기 때문일 뿐 다른 이유는 없었다. 백신을 둘러싼 논쟁은 철학자 도나 해러웨이의 표현마따나 〈심란한 이원론들〉로 묘사되는 경향이 있다. 과학과 자연을, 공공과 개인을, 진실과 상상을, 자기와 타자를, 사고와 감정을, 남자와 여자를 대립시키는 이원론들이다.

가끔은 백신 접종을 둘러싼 갈등을 묘사할 때 어머니들과 의사들의 〈전쟁〉이라는 은유가 쓰이기도 한다. 은유를 쓰는 사람이 누구냐에 따라서 교전하는 양측은 무지한 어머니들과 교육받은 의사들, 혹은 직관적인 어머니들과 지성적인 의사들, 혹은 염려하는 어머니들과 무정한 의사들, 혹은 비합리적인 어머니들과 합리적인 의사들로 그려진다. 성차별적인 고정 관념들이 넘친다.

우리가 결국 자기 자신과 싸울 수밖에 없는 전쟁을 상상하는 대신, 우리가 모두 비합리적 합리주의자인 세상을 받아들일 수는 없을까? 이 세상에서, 우리는 자연과 기술에 둘 다 매여 있을 수밖에 없다. 해러웨이가 도발적인 페미니스트 선언서 「사이보그 매니페스토」에서 주장했듯이, 우리는 모두 〈사이보그, 잡종, 모자이크, 키메라〉들이다. 해러웨이는 〈사람들이 동물과 기계와의 공통된 혈연 관계를 두려워하지 않고, 영구적으로 불완전한 정체성들과 모순된 입장들도 두려워하지 않는〉 사이보그 세상을 상상한다.

백신을 맞은 사람이라면 누구나 사이보그라고, 사이보그 학자 크리스 헤이블즈 그레이는 말했다. 우리 몸은 이미 질병에 반응하도록 프로그래밍되었고, 기술로 변형된 바이러스를 통해서 변모되었다. 사이보그이자 젖 물리는 어머니로서, 나는 내 변형된 몸을 현대의 기계인 유축기에 연결해서 아이에게 먹일 가장 원시적인 음식을 공급한다. 자전거를 탄 나는 절반은 인간이고 절반은 기계인데, 이 협력 관계는 나를 부상의 위험에 노출시킨다. 기술은 우리를 확장하는 동시에 위험하게 만든다. 좋든 나쁘든 기술은 우리의 일부이고, 이 상황은 자연스럽지 않은 것만큼이나 부자연스럽지도 않다.

몇 년 전에 친구가 내게 아들을 〈자연〉 분만으로 낳았느냐고 물었을 때, 나는 동물 분만이었다고 대답할까 싶었다. 아기의 머리가 질 밖으로 출현했을 때, 나는 내 두 손으로 내 살을 찢어서 아기를 내 몸에서 끄집어내려고 애썼다. 아니, 정확히 말하자면 내가 그랬다는 말을 나중에 들었다. 하지만 내 기억에는 나 자신을 찢어서 열려고 했던 의도는 전혀 남아 있지 않다. 내가 기억하는 건 그 순간 느꼈던 절박함뿐이다. 그때, 나는 인간이면서 동물이었다. 아니, 어쩌면 지금 그런 것처럼, 둘 다 아니었다. 〈우리는 결코 인간이었던 적이 없다〉고 해러웨이는 말했다. 그리고 어쩌면 우리는 결코 현대인이었던 적도 없을지 모른다.[26]

10. 종두법

　백신 접종은 현대 의학의 선구이지 그 산물이 아니다. 백신 접종의 뿌리는 민간요법이고, 최초의 시술자는 농부들이었다. 18세기 영국의 젖 짜는 여자들 중에는 천연두로 곰보가 된 사람이 없었다. 왜 그런지는 아무도 몰랐지만, 그게 사실이란 건 누구나 보면 알았다. 당시 영국에서는 거의 모든 사람이 천연두를 앓았고, 살아남은 사람 중 많은 수는 얼굴에 얽은 흉이 남았다. 민간 전승에 따르면, 우두에 걸려 물집이 잡힌 소의 젖을 짜다가 손에 물집이 생긴 여자는 전염병 환자를 간호하더라도 천연두에 걸리지 않는다고 했다.

　산업 혁명의 물레방아가 면화 공장의 물레를 돌리기 시작한 18세기 말, 의사들은 우두가 소젖 짜는 사람들에게 미치는 영향에 주목하고 있었다. 1774년 천연두 유행 중,

자신도 우두에 걸린 적 있었던 한 농부는 감침용 바늘로 소의 농포에서 짜낸 고름을 아내와 두 어린 아들의 팔에 감염시켰다. 농부의 이웃들은 소스라쳤다. 아내는 팔이 붉어졌다 부은 뒤 앓아누웠지만 완전히 회복했고, 두 아들은 그보다 가벼운 반응에 그쳤다. 그들은 이후 장수하면서 여러 차례 더 천연두에 노출되었고, 이따금 면역력을 증명해 보이려는 의도에서 일부러 감염된 경우도 있었는데, 그래도 결코 병에 걸리지는 않았다.

그로부터 20년 뒤, 시골 의사 에드워드 제너는 젖 짜는 여자의 손등에 난 농포에서 고름을 짜내어 8세 남자아이의 팔에 긁어 넣었다. 소년은 열이 났지만 앓진 않았다. 제너는 소년을 천연두에 노출시켰고, 소년은 감염되지 않았다. 대담해진 제너는 아기였던 아들을 포함하여 수십 명의 사람에게 실험을 더 실시했다. 오래지 않아 그 기법은 제너가 우두를 부른 이름인 바리올라이 바키나이*variolae vaccinae*로 알려지게 되었다. 라틴어로 소를 가리키는 단어인 바카*vacca*에서 온 이름이었다. 이리하여 소는 백신 접종에 제 이름을 영원히 남기게 되었다.

제너는 백신 접종이 효과가 있다는 증거를 확보했지만, 왜 효과가 있는지는 알지 못했다. 그의 혁신은 이론이 아니라 전적으로 관찰에만 의지했다. 그것은 최초의 바이러스가 발견되는 때로부터 한 세기 전이었고, 천연두의 원인이 알려지는 때로부터도 한참 전이었다. 외과 의사들에게는 아직 마취제가 없었고, 그들은 수술 장비를 살균해야 한다는 것도 몰랐다. 세균론이 입증되려면 한 세기 가까이 더 흘러야 했고, 균류에서 페니실린이 추출되기까지는 한 세기가 훨씬 더 넘게 흘러야 했다.

겁 없는 농부가 감침용 바늘로 제 아이들을 접종시키던 때도 백신 접종의 기본 메커니즘은 참신한 이야기는 아니었다. 당시에 종두, 즉 일부러 천연두를 가볍게 앓도록 만듦으로써 더 심각하게 앓는 걸 예방하는 기법은 영국에서는 아직 좀 신기한 이야기였지만 중국과 인도에서는 벌써 수백 년 동안 시행되어 온 관행이었다. 종두는 아프리카를 통해서 미국으로도 전달되었다. 청교도 목사 코튼 매더는 리비아 출신 노예 오니시머스로부터 그 기법에 관한 설명을 들었다. 매더가 오니시머스에게 천연두를 앓은 적 있느냐고 묻자, 오니시머스는 〈그렇기도 하고 아니기도 합니다〉라고 대답했다. 아프리카에서 태어난 다른 많은 노예처럼 어릴 때 일부러 천연두 접종을 받았다는 뜻이었다.

아내와 세 아이를 홍역으로 잃었던 매더는, 1721년에 보스턴에 천연두가 퍼지자 동네 의사를 설득하여 두 노예와 의사의 어린 아들에게 접종을 실시하게끔 했다. 첫 세 환자가 회복한 뒤 의사는 추가로 수백 명에게 접종했고, 이들의 생존율은 접종받지 않은 사람들에 비해 훨씬 더 나은 게 확인되었다. 살렘 마녀 재판을 기록한 사람으로서 당시에도 이미 지나치게 광신적이라는 평을 들었던 매더는 종두가 신의 선물이라고 설교하기 시작했다. 하지만 그런 정서가 대중에게는 인기가 없어서, 매더의 집 창으로 사제 수류탄이 날아들기도 했다. 폭탄과 함께 던져진 쪽지에는 이렇게 적혀 있었다. 〈코튼 매더, 개새끼야. 죽어라! 이걸로 너한테 마마를 접종할 테다.〉

종두가 영국에 도입된 것도 비슷한 시기로, 그 주동자는 터키에서 종두 시행을 목격한 뒤 자신의 6세 아들과 2세 딸에게 접종시켰던 메리 워틀리 몬터규였다. 영국 대사의 아내였던 몬터규는 천연두로 형제를 잃었고, 자신도 마맛자국으로 얼굴이 심하게 얽었다. 역시 천연두 생존자였던 영국 왕세자비가 종두 시험에 나서서, 사형 선고를 받은 죄수들에게 접종시켰다. 죄수들은 살아남았고, 천연두에 면역을 얻었으며, 수고의 대가로 풀려났다. 훗날 남편이 조지 2세에 등극하여 왕비가 되는 왕세자비는 자신의 일곱 자녀에게도 접종을 실시했다.

볼테르가 『철학 서한』을 출간한 1733년, 종두는 이제 영국에서는 널리 시행되었지만 프랑스에서는 아직 꺼려졌다. 자신도 천연두를 심하게 앓다가 살아났던 볼테르는 만일 프랑스인들이 영국인들처럼 흔쾌히 종두를 받아들였다면 〈1723년에 파리에 돈 천연두로 죽었던 2만 명의 사람들이 지금까지 살아 있었을 것〉이라고 주장했다.

볼테르가 「접종에 관하여」*를 쓸 무렵, 영어 단어 접종 inoculate의 뜻은 아직도 주로 접순이나 접가지를 붙이는 일, 가령 한 사과나무의 가지를 잘라서 다른 사과나무의 뿌리에 접붙임으로써 길러 내는 일을 뜻했다. 천연두를 접종하는 방법은 여러 가지였다. 말려서 곱게 간 딱지를 코로 킁 들이마시기도 했고, 감염시킨 실을 바늘에 꿰어 엄지와 검지 사이의 얇은 막 같은 피부에 꿰기도 했다. 그러나 영국에서는 마치 접목받을 나무의 껍질을 살짝 째는 것처럼 피부를 살짝 째서 그 속에 감염성 물질을 집어넣는 방법이 자주 쓰였다. 사람들이 접종이라는 단어로 처음 종두를 묘사했을 때, 그것은 질병을 접붙이는 행위에 대한 은유였다. 그리고 그 질병은 몸이라는 밑나무에서 나름의 열매를 맺을 것이었다.

---

* 「영국인에 관한 편지」라고도 불리는 『철학 서한』 중 11장을 뜻한다.

11. 면역계와 그 은유들

　면역에 대한 이해는 가장 전문적인 수준에서조차 놀랍도록 깊이 은유에 의존한다. 면역학자들은 세포의 활동을 해석이니 소통이니 하는 용어들로 묘사하며, 본질적으로 인간적인 특징들을 세포에게 부여한다. 1984년, 자동차 여행에 나섰던 세 면역학자는 세포가 이루는 인간 전체와 마찬가지로 세포들도 서로 소통할 때 일종의 언어인 기호와 상징 체계를 쓸지도 모른다는 가능성을 떠올리고 흥분했다. 폭스바겐 버스 속에서 무르익은 탈레조 치즈 덩어리와 움베르토 에코의 『일반 기호학 이론』 이탈리아어판과 함께 17시간을 여행한 끝에, 셋 중에 있었던 이탈리아인이 에코의 책을 대충 번역해 들려준 걸 근거로, 그들은 기호와 상징의 사용 및 해석을 연구하는 학문인 기호학을 좀 더 잘 이해한다면 자신들의 면역학도 향상시킬 수 있을지 모른다고 결론 내렸다.

그 결과로 개최된 〈면역 기호학〉 학회가 있었다는 사실을 알았을 때, 나는 그 학회가 기호학적 도구의 하나인 은유를 토론하는 자리였을지도 모른다고 상상하여 흥분했다. 스스로가 사용하는 은유를 해부하는 데 흥미가 있는 면역학자들을 내가 발견한 줄 알았다. 실망스럽게도, 학회 논문들을 보니 그들은 우리 마음이 아니라 몸이 기호를 해석하는 방법에 관심이 훨씬 더 많았다. 그래도 면역학자 프랑코 첼라다가 「인간의 마음은 림프구가 10^8년 전에 개발했던 기호 논리를 쓰고 있는가?」라는 논문에서 주장했듯이, 우리 마음은 무언가를 해석하는 능력을 우리 몸에서 배웠을지도 모른다.

「면역학자들은 관찰 결과를 묘사하기 위해서 특이한 표현들을 씁니다.」 기호학자 투레 폰 윅스퀼은 학회에서 이렇게 말했다. 물리학이나 화학에는 《《기억》, 《인식》, 《해석》, 《개성》, 《읽다》, 《내적 그림》, 《자기》, 《비(非)자기》 같은 표현이》 없다는 것이다. 「원자나 분자에게는 자기도, 기억도, 개성도, 내적 그림도 없습니다. 그것들은 무언가를 읽거나 인식하거나 해석하지 않으며 또한 죽임을 당하지도 않습니다.」 학회에 참석했던 기호학자들 중 일부는, 그 중 가장 돋보이는 인물은 움베르토 에코였는데, 세포들이 문자 그대로 해석 행위에 관여하는가 하는 질문에 의구심을 표현하기도 했다. 그러나 오히려 면역학자들은 덜 회의적이었던 것 같다.

인류학자 에밀리 마틴이 여러 과학자들에게 흔히 면역계를 묘사할 때 전쟁 중인 몸이라는 은유에 의존하는 것에 대해서 의견을 말해 달라고 요청했을 때, 어떤 사람들은 그것이 은유라는 생각에 반대했다. 〈실제 상태가 그렇다〉는 것이었다. 한 과학자는 전쟁 은유가 싫다고 말했지만, 그건 오직 그가 그 시점에 벌어지고 있는 전쟁에 반대하기 때문이었다. 우리가 면역을 어떻게 생각하는가를 조사한 마틴의 연구는 1차 이라크 전쟁 중에 진행되었고, 조사 결과 그녀는 면역계에 대한 상상에 군사적 방어의 은유가 속속들이 스며 있다는 걸 발견했다.[27]

마틴에 따르면, 〈대중 출판물은 몸을 무자비한 침입자들과 결연한 방어자들이 전면전을 벌이는 장소로 묘사한다〉. 질병을 우리가 〈싸워야 할〉 대상으로 보는 관점은 면역계에 갖가지 군사적 은유를 끌어들인다. 도판이 곁들여진 책이나 잡지 기사를 보면 몸은 어떤 세포들을 〈보병〉처럼 배치하고 다른 세포들은 〈장갑 부대〉처럼 배치한다. 병력은 〈지뢰〉를 써서 세균을 터뜨리고, 면역 반응 자체도 꼭 〈폭탄처럼 폭발한다〉.

그러나 전쟁의 이미지가 마틴이 인터뷰에서 발견한 다채로운 사고방식을 전부 대변하는 건 아니었다. 대체 의학 치료자들은 면역계를 묘사할 때 전쟁 은유를 쓰는 걸 집단적으로 줄곧 거부해 왔다. 과학자든 아니든 그 밖의 사람들은 대체로 군사 용어로 기우는 경향이 있었지만, 다른 은유를 제안한 사람도 많았고 군사적 은유를 명시적으로 거부한 사람도 있었다. 한 변호사는 〈나더러 시각화하라면 그보다는 파도에 가까운 무언가일 겁니다. ……그러니까 밀물과 썰물 같은 힘들이요〉라고 말하며, 이때 힘들이란 〈균형과 불균형〉을 뜻한다고 밝혔다. 과학자들을 포함하여 다른 많은 사람도 몸이 무력 충돌을 벌이는 게 아니라 균형과 조화를 이루려고 애쓴다는 이런 관점을 내비쳤다. 사람들이 면역계를 상상할 때 동원한 은유는 기발하고 다양했다. 교향곡, 태양계, 영구 운동 기계, 어머니의 쉼 없는 경계 태세까지.

1967년에 면역계immune system라는 용어를 처음 쓴 사람은 면역학자 닐스 예르네였다. 그는 이 용어로 면역학의 두 분파를 통합시키려고 꾀했다. 한쪽은 면역이 주로 항체에 의존한다고 믿는 학자들이었고, 다른 쪽은 면역이 그보다는 전문화한 세포들에게 의존한다고 믿는 학자들이었다. 예르네가 계system라는 단어를 쓴 건, 면역에 관여하는 모든 세포, 항체, 기관을 하나의 종합적인 전체로 묶기 위해서였다. 면역이 서로 의존하며 동시에 일하는 수많은 부분으로 이뤄진 복잡한 계에서 형성된다는 생각은 과학에 비교적 늦게 등장했던 셈이다.

그래도 이제 우리는 면역계에 대해서 어마어마하게 많이 안다. 면역계는 피부에서 시작된다. 피부는 특정 세균들의 성장을 저지하는 생화학 물질을 합성하고, 좀 더 깊은 층에는 염증을 유도하고 병원체를 소화하는 세포들이 담겨 있다. 그다음에는 소화계, 호흡계, 비뇨 생식계의 막들이 있다. 그런 막들에는 병원체를 삼키는 점액이 있고, 병원체를 쫓아내는 섬모가 나 있고, 장기 면역을 담당하는 항체를 생산할 줄 아는 세포들이 많이 몰려 있다. 병원체가 설령 이 장벽을 넘더라도, 그다음에는 순환계가 피 속 병원체를 지라로 운반한다. 지라는 피를 여과하고, 항체를 생성한다. 림프계도 병원체를 체조직에서 림프절로 씻어 내리는데, 림프절에서도 똑같은 과정이 벌어진다. 갖가지 세포들이 병원체를 둘러싸서 그것을 소화시키고, 제거하고, 미래에 면역계가 좀 더 효율적으로 반응할 수 있도록 그것을 기억해 둔다.

몸속 깊은 곳, 골수와 가슴샘에서는 어지러울 정도로 다양한 면역 전문 세포들이 생성된다. 감염된 세포를 죽이는 세포, 병원체를 삼킨 뒤 그 조각을 다른 세포들에게 제시하는 세포, 다른 세포들이 암이나 감염의 징후를 드러내지 않는지 감시하는 세포, 항체를 만드는 세포, 항체를 나르는 세포. 여러 종류와 하위 종류로 세세하게 나뉜 온갖 세포들은 끊임없이 상호 작용을 하면서 정교한 춤을 추는데, 그들 간의 소통은 부분적으로 자유 분자들의 활동에 의존한다. 상처나 감염 지점으로부터 나온 화학 신호가 피를 통해서 주변으로 전달되면, 세포들이 활성화하여 염증을 일으키는 물질을 분비하고, 면역을 돕는 분자들이 미생물의 막에 콕콕 구멍을 뚫어 쪼그라뜨린다.

아기는 태어날 때부터 이런 면역계 구성 요소들을 모두 갖추고 있다. 물론 아기의 면역계가 잘 해내지 못하는 일도 있다. 이를테면 헤모필루스 인플루엔자 균에 코팅된 끈끈한 막을 뚫는 건 어려워한다. 그러나 산달을 다 채운 아기의 면역계는 불완전하지 않고, 덜 발달된 상태도 아니다. 면역학자들이 〈순진하다〉고 부르는 상태일 뿐이다. 그 면역계는 아직 감염에 반응하여 항체를 생산할 기회를 경험하지 못했다. 산모가 전달한 일부 항체가 벌써 아기의 면역계를 순환하고 있고 모유도 아기에게 항체를 좀 더 제공하지만, 이런 〈수동 면역〉은 아기가 얼마나 오래 모유를 먹는가와는 무관하게 자랄수록 차츰 희미해진다. 백신은 아기의 면역계를 개인 지도하는 선생으로, 면역계로 하여금 아직 만나지 못한 병원체들을 기억하도록 가르친다. 백신을 맞든 안 맞든, 아기의 생후 첫 몇 년은 면역 속성 교육 기간이다. 그 몇 년 동안 아기가 흘리는 수많은 콧물과 아기가 겪는 수많은 열은 면역계가 세균 어휘집을 공부하고 있다는 증거다.

내가 어느 면역학 교수에게 면역의 기본 작동 방식을 이해하도록 도와 달라고 청하자, 그는 커피숍에서 두 시간짜리 면역계 수업을 해주었다. 그 두 시간 동안, 그는 몸의 작동 방식을 묘사할 때 군사적 은유를 한 번도 쓰지 않았다. 그의 은유는 주로 식사나 교육에 관한 것이었다. 세포는 병원체를 〈먹거나〉 〈소화시켰으며〉, 다른 세포를 〈가르쳤다〉. 무언가를 죽이거나 파괴한다고 말할 때는 문자 그대로 그것이 죽거나 파괴된다는 뜻이었다. 백혈구의 한 종류로 다른 세포를 죽일 줄 아는 세포를 가리키는 전문 용어는 자연 살해 세포라고, 그는 내게 알려 주었다.

나중에 나는 같은 교수가 학교에서 하는 강의를 들었다. 선천 면역과 후천 면역을 구별하는 법을 배우고 난무하는 두문자어들을(NLR이니 PAMP니 APC니)* 외우려고 안

* 각각 NOD 유사 수용체, 병원체 관련 분자형, 항원 제시 세포를 뜻한다.

93

간힘을 쓰는 동안, 나는 면역계 세포들의 삶이 서로 키스하고, 순진해지고, 먹고, 배설하고, 표현하고, 켜지고, 지시받고, 제시하고, 성숙해지고, 기억하는 삶이란 걸 알았다. 「내 학생들하고 똑같네.」 시를 가르치는 교수인 친구가 말했다.

그 강의에서 떠오른 하나의 서사란 게 있다면, 그것은 면역계와 그것이 공진화하는 병원체들이 상호 작용을 벌이는 드라마였다. 이 드라마는 가끔 진행 중인 싸움으로 묘사되곤 하지만, 그렇더라도 아파치 헬리콥터와 무인 드론이 동원되는 싸움은 아니다. 그것은 그보다 재치를 겨루는 싸움이다. 「그러자 바이러스는 그보다 더 똑똑해져서, 천재적인 꾀를 냈습니다. 우리 전략을 가져다가 우리에게 맞선 겁니다.」 교수는 이런 식으로 말했다. 그의 이야기에서, 우리 몸과 바이러스는 치명적인 체스 게임에 푹 빠져서 서로 겨루는 두 지성이었다.

12. 백 년 전의 어머니라면

나는 미시간 호를 끼고 북쪽으로 산책할 때마다 큰 묘지 가장자리를 따라 걷는다. 날이 따뜻할 때면 거의 매일 걷는다. 어느 한여름 아침, 아들이 유모차에서 빠져나오려고 아우성을 치기에, 아이가 나무 그늘 밑에서 달릴 수 있도록 묘지의 철문을 통과해 들어갔다. 「안녕.」 우리가 빈 묘지로 들어서는데, 아이가 허공을 향해서 손을 흔들며 밝게 외쳤다. 「안녕.」 아이는 아장아장 걸어가면서 계속 말했고, 멈춰 서서 미소를 띠며 아무것도 없는 곳을 향해 손을 흔들었다. 그전까지 나는 아이가 사람한테만 〈안녕〉이라고 말하는 걸 들었기 때문에, 무릎을 꿇고 아이의 시선을 따라가 보았다. 그랬더니 아이가 응시하는 게 무덤의 문이란 걸 알 수 있었다. 「저거 뭐야?」 아이가 물었고, 나는 오싹했다. 하지만 아이는 이내 길을 달려 내려갔고, 나는 아이를 쫓아가

다가, 화강암 오벨리스크 앞에서 멈췄다. 그 묘석이 내 눈길을 끈 건 거기에 윌리라는 이름만 대문자로 새겨져 있고 성은 다른 묘석에 나와 있기 때문이었다. 윌리는 1888년에 여덟 살의 나이로 죽었다.

「안녕.」 아들은 일이 미터 떨어진 곳에서 약간 고집스럽게 계속 말했다. 「안녕!」 아이가 선 곳은 대리석으로 된 작은 사내아이 조각상 앞이었다. 소년은 아기 특유의 통통한 볼을 갖고 있었고, 대리석 눈은 가깝지도 멀지도 않은 지점을 진지하게 응시하고 있었다. 내 발치의 침식된 묘석을 보니, 소년의 이름은 조시였고 1891년에 아홉 살로 죽었다고 했다. 아들이 소년을 향해 팔을 뻗었다. 나는 왠지 공포가 커지는 걸 느끼면서 아들의 손목을 붙잡으며 말했다. 「안돼, 그거 만지면 안돼!」 그 순간에 내가 무엇을 겁냈던지, 지금도 정확히는 모르겠다. 아들이 대리석 소년을 만지면 죽음이 옮을 거라고 걱정했던 걸까?

묘지를 나온 뒤, 아버지에게 다섯 살짜리들과 열 살짜리들의 무덤을 보았고 십 대들의 무덤도 많이 보았지만 시카고에서 제일 오래된 묘지 중 한 곳인 그곳에서 아기의 무덤은 하나도 보지 못해 놀랐다고 말했다. 아버지는 아마도 그건 19세기에 영아가 워낙 많이 죽었기 때문에 따로 표시된 무덤에 묻는 게 관행이 아니라서였을 거라고 상기시켜 주었다. 나중에 나는 1900년에 태어났던 아이 열 명 중 한 명은 첫 생일을 맞기 전에 죽었다는 걸 알게 되었다. 내가 그 정보를 읽은 건 백신 부작용에 관한 보고서에서였는데, 보고서는 아동 사망률의 역사를 짧게 개관한 뒤 오늘날은 〈아이들이 성인기까지 생존하리라고 기대할 수 있다〉는 말로 글을 맺었다.[28]

처음으로 아들을 내 팔이 닿지 않는 거리에 놓아 두고 재운 날 밤, 나는 아기 모니터를 아플 만큼 바싹 귀에 댄 채 잠들었다. 전지가 다 되어 모니터가 삑삑거리는 바람에 깜짝 놀라 깼지만, 아이는 곤히 자고 있었다. 아기 침대는 내 침대에서 4미터도 안 떨어져 있었고 그 사이의 문도 열려 있었으니 아기가 울면 모니터가 없어도 잘 들을 수 있었겠지만, 나는 아기가 쌔근쌔근 자는 소리를 듣고 싶었다. 한심한 집착이란 건 알았지만, 저항할 수 없었다. 내가 아기 숨소리가 들린다고 착각할 만큼 모니터 소리를 크게 키워 두면, 딴 세상 소리 같은 온갖 소리가 포함된 잡음이 짙게 났다. 나는 나지막이 중얼거리고 속삭거리는 소리를 들었고, 딸깍거리고 툭툭거리는 소리를 들었으며, 가끔은 쾅 하는 소리도 들어서 부리나케 가보면 아무 일도 없었다. 이따금 모니터는 전화 통화 소리를 잡아냈고, 잠깐동안 나는 또렷한 목소리들을 들었다. 종종 밤중에 울음소리를 듣고 깨기도 했는데, 소리는 내가 정신이 완전히 들면 곧바로 사라졌다. 나는 그런 일이 매일 밤 같은 시각에, 제트 비행기가 오헤어 공항에 착륙하려고 호수 위를 저공비행하는 시각에 발생한다는 걸 알아차렸다. 나는 깨달았다. 잠에 취한 내 머리는 귀로 듣는 주파수 중 일부를 골라, 제트 비행기 엔진이 씽씽거리는 소리와 아기 모니터의 잡음을 결합함으로써 아기 울음소리를 만들어 내고 있었다. 심리음향학! 음악가 친구는 내 현상을 이렇게 불렀다.

나는 결국 아기 모니터를 그만 쓰게 되었다. 내가 듣는 소리가 뭔지 모르겠다는 사실을 스스로 인정해야 했기 때문이다. 그래도 나는 계속 귀 기울였다. 아들이 만 두 살이 된 직후 어느 날 저녁, 침대에 들려는 순간 아이 방에서 이상한 소리가 나는 걸 들었다. 나는 더 이상 제트 비행기의 씽씽거림에서 울음소리를 듣는 일은 없었지만, 그래도 가끔 꿈에서 울음소리를 듣고 화들짝 놀라 깨곤 했다. 내가 방금 들은 소리는 마당에서 개가 짖은 소리일 수도 있었고 위층에서 의자가 바닥을 긁은 소리일 수도 있었다. 내가 그 소리를 진짜로 들었다고 확신한 건 소리가 한 번 더 들렸기 때문이었다. 그러고는 긴 침묵이 이어졌다. 나는 아이 방 문간으로 가서 귀 기울였다. 아이는 분명 자고 있을 거라고, 나는 믿었다.

언제나처럼 방은 캄캄하고 조용했지만, 아이는 침대에 일어나 앉아 있었다. 얼굴에 눈물이 흘러내렸고, 크게 벌려진 입은 소리 없이 헐떡였다. 나는 아이를 붙들고 그 목구멍에서 가늘게 씩씩거리는 숨소리가 나는 걸 듣고는 하임리히 요법을 실시하려고 아이를 내 무릎에 엎었다. 예전에는 이 방법이 통했지만, 이번에는 소용이 없었다. 오히려 아이를 더 놀라게만 만들어서, 아이는 이제 두려움에 바들바들 떨었다. 소동에 침대에서 나온 남편이 아이의 목을 더듬어 보았고, 아무것도 걸리는 것이 없자, 당장 아이를 안고 병원으로 나섰다.

십 분 뒤 내가 아이의 입을 귀에 갖다 댄 채 응급실로 달려들며 〈숨을 못 쉬어요!〉라고 말했을 때, 접수 담당 간호사는 심드렁했다. 「아마 천명(喘鳴)일 거예요.」 간호사는 컴퓨터 화면을 응시하면서 말했다. 나중에야 알았지만, 새되게 씨근거리는 소리를 뜻하는 천명은 기관이 막혔음을 드러내는 증상이다. 하지만 간호사가 보기에 아이는 혈색이 괜찮았고 호흡도 나아져 있었는데, 놀랍게도 우리가 아이를 데리고 나와 찬 밤공기를 쐬어서 나아진 거라고 했다. 의사가 도착할 즈음, 아이는 다시 내가 방에서 들었던 그개 짖는 듯한 이상한 소리로 기침하고 있었다. 의사는 쾌

활하게 말했다. 「저 기침 소리는 어디서든 알아들을 겁니다. 아이를 보지 않고도 진단할 수 있을 정도예요.」 아이가 걸린 것은 바이러스 감염으로 목구멍이 붓는 크룹이었다. 크룹은 기관의 크기에 따라 가벼울 수도 있고 심할 수도 있다. 독특한 기침 소리를 내게 만들고, 천명과 호흡 곤란으로 이어질 수 있다. 의사의 표현마따나 〈적당히 심한〉 상태란 걸 제외한다면, 아들은 잠자리에 들 때만 해도 괜찮은 것 같았던 유아가 밤중에 증상을 드러냈다는 점에서 전형적인 크룹 사례였다. 그리고 크룹의 전통적 치료법인 찬 공기가 병원으로 오는 동안 부기를 완화하고 천명을 줄여 준 것이었다.

나는 의사에게 다행히 그날 밤 내가 평소와 달리 늦게까지 깨어 있었다고, 하지만 만일 깨어 있지 않았다면 천명이 시작되기 전에 나는 짖는 듯한 작은 기침 소리를 듣지 못했을 거라고, 그러면 아이가 숨을 못 쉰다는 걸 알아차리지 못했을 거라고 말했다. 마지막에 덧붙을 말, 즉 만일 그랬다면 아이가 죽었을지도 모른다는 말은 꺼내지 않았는데도 의사는 내 말뜻을 알아들었다. 그리고 설명했다. 아니요, 이 병이 겁나게 느껴질 순 있지만 아드님은 공기를 충분히 마시고 있었습니다. 아주 불편했을 수도 있고 엄마가 없어서 겁났을 수도 있겠지만, 아침이 되기 전에 죽는 일은 없었을 겁니다.

며칠 뒤, 밖에서 놀기에는 날이 너무 추울 때 공원 체육관에서 아들과 곧잘 어울려 노는 다른 아이의 어머니를 마주쳤다. 젊은 그녀는 보통 늘 쌩쌩했지만, 그날은 지쳐 보였다. 듣자니 딸이 크룹에 걸려서 며칠 동안 밤새 기침을 해댔다고 했고, 역시 체육관에서 만나곤 하던 다른 남자아이도 일주일째 앓고 있다고 했다. 나중에야 알았지만, 큰 체육관에서 함께 놀던 어린 아이들 대부분이 그 바이러스에 걸렸다.

나중에 다른 어머니들의 말을 들으니, 크룹에 걸린 아이들은 기침하다 못해 구역질과 구토까지 했고, 한숨도 못 잘 만큼 밤새 기침했으며, 기침이 심해 발작적으로 눈물을 터뜨리면 그게 기침을 더 악화시켰다. 내 아이는 이틀쯤 더 아팠지만 응급실에서 처치받은 뒤에는 다시 기침하지 않았고, 천명도 돌아오지 않았다. 아이는 크룹에서 꽤 빨리 회복했다. 그러나 나는 아니었다. 나는 아이가 곁에 없을 때 다시 아기 모니터를 귀에 대기 시작했고, 몇 달 동안 푹 자지 못했다.

크룹croup이 어떤 단어지? 남편은 궁금해했다. 남편은 그게 고대의 단어처럼 들린다고 했다. 아이들이 오래전부터 앓아 온 병일 것 같다고 했다. 찾아 보니 어원은 기침 소리 그 자체였는데, 단어의 정의 부분에서 나는 그때까지 나를 괴롭혀 온 유령과 맞닥뜨렸다. 〈아이들이 후두와 기관에 걸리는 염증성 질병으로, 날카롭게 울리는 특이한 기침 소리가 특징적이고 금세 치명적인 결과로 이어지는 경우가 잦다.〉 금세 치명적인 결과로. 바로 이 가능성 때문에 내가 그동안 잠을 못 이룬 거였다. 하지만 1765년 예문과 1866년 예문이 실린 『옥스퍼드 영어 사전』 온라인 판에 언급된 크룹은 종류가 다양했고, 그 정의는 호메로스의 고대 그리스 시절부터 20세기까지 다 달랐다. 그중에서도 금세 치명적인 결과로 이어질 때가 많다는 크룹은 디프테리아가 유발하는 크룹인데, 1930년대에 디프테리아 백신이 도입된 뒤로 미국에서는 디프테리아가 사실상 자취를 감추었다. 아들이 걸린 건 바이러스성 크룹이었다. 한때 프랑스에서는 디프테리아성 크룹과 구별하기 위해서 이 병을 가짜 크룹이라고 불렀다. 디프테리아는 병에 걸린 아이의 최대 20퍼센트를 죽이지만, 가짜 크룹은 치명적인 경우가 드물다.

「항생제, 백신, 둘 다 시간 여행이야」 그 봄에 한 친구가 내게 이렇게 써 보냈다. 「우리는 시간을 거슬러 올라가서 재앙을 예방하지만, 그 때문에 우리가 미래를 어떤 식으로 돌이킬 수 없게 바꿔 놓는지 누가 알겠어? 나는 내 아이를 사랑하니까 내가 내다볼 수 있는 재앙을 예방하기 위해서 시간을 거슬러 올라가지만(백신을 맞히지만), 그럼으로써 내가 내다보지 못하는 재앙의 위험을 감수하는 셈이야」 아무렴, 이 친구는 SF 시를 쓰는 친구니까. 그리고 나도 친구의 말이 무슨 뜻인지 이해했다. 「스타 트렉」에서 이런 에피소드를 본 적이 있었다. 우주선 엔터프라이즈 호가 시공간의 균열을 통과하여, 이미 오래전에 파괴된 더 오래된 우주선을 만난다. 그리고 그 순간, 현재의 엔터프라이즈 호는 탐사 임무에 오른 평화 시의 우주선이 아니라 클링온족에게 최후의 패배를 당할 찰나에 놓인 전투선으로 바뀐다. 새 현실이 이전 현실을 즉각 대체했기 때문에, 뭔가 잘못되었다는 사실을 알아차린 사람은 시간과 특별한 관계를 맺고 있는 한 승무원뿐이다. 그녀는 선장에게 제대로라면 우주선에 아이들이 있어야 한다는 것, 전쟁이 없어야 한다는 것을 설명한다. 과거에서 온 우주선은 자신들이 과거로 돌아가면 현재의 전쟁이 아예 시작되지 못하게끔 막을 수 있을지도 모른다는 사실을 듣고서 영웅적으로 과거로 돌아간다. 죽으러 돌아간다.

아이와 함께하는 매일은 일종의 시간 여행이란 걸, 그동안 나는 깨달았다. 나는 무슨 결정이든 결정을 내릴 때마다 미래를 내다보며, 내가 아이에게 미래에 무엇을 주게 되는 건지 아니면 빼앗게 되는 건지 궁금해한다. 나는 아이를 유치원에 보내고, 아이는 유치원에서 세균과 규율을 배우는데, 그동안 나는 만일 아이가 말문이 트이자마자 손 씻는 법과 줄 서는 법을 배우지 않았더라면 과연 어떤 아이가 되었을까 하고 궁금해한다. 그러나 나는 안다. 만일 내가 아무것도 안 하더라도, 어차피 나는 미래를 돌이킬 수 없게 바꿀 것이다. 시간은 내가 아무것도 안 한다는 사실로 말미암아 영영 바뀌어 버리는 경로를 따라서 뚜벅뚜벅 나아간다.

아이가 크룹에 걸렸을 때, 나는 며칠 동안 거의 밤새 아이와 함께 있었다. 아이가 좀 더 편히 숨 쉴 수 있도록, 자는 아이의 몸을 똑바로 세워서 안고 있었다. 그것 말고는 내가 해줄 수 있는 일이 없었다. 그때, 나는 과거로 시간 여행을 하고 있었다. 적어도 나는 그렇게 느꼈다. 나는 시공간의 균열을 통과하여, 이 크룹이 가짜 크룹이 아니라 사람을 죽이는 진짜 크룹일 수도 있었던 백 년 전의 어머니라면 꼭 이랬겠지 싶은 상태가 되었다. 나는 대니얼 디포의 『흑사병 돌던 해의 일기』 속 어머니들을 떠올렸다. 디포는 그 어머니들이 자식을 잃은 뒤 죽었다고 썼다. 흑사병 때문이 아니라 애통함 때문에.

13. 여성 치료사와 비난받는 엄마들

볼테르는 1733년에 프랑스인들에게 쓴 글에서 이렇게 말했다. 〈체르케스 여자들은 까마득한 옛날부터 자식에게 천연두를 맞혔다. 아이가 생후 6개월이 넘기 전에 팔을 조금 째서, 다른 아이의 몸에서 조심스레 채취한 고름을 째진 곳에 넣는다.〉 자식을 접종시킨 건 여자들이었고, 볼테르는 〈웬 프랑스 대사 부인이〉 콘스탄티노플에서 파리로 그 기법을 가져온 예가 없었다는 사실을 슬퍼했다. 〈체르케스 사람들이 남들에게는 희한해 보이는 관행을 도입한 이유는 모든 사람에게 공통된 동기인 모성애와 자기 이익이었다.〉

당시 의료는 여전히 주로 여성의 일이었지만, 의사들과 교회가 여성 치료사의 전통을 위협하기 시작한 터였다. 피임법을 알려 주고 산통을 줄여 주는 것을 비롯하여 갖가지

죄를 저질렀던 산파들과 여자 주술사들은, 15세기에서 18세기까지 유럽을 뜨겁게 휩쓴 마녀사냥에서 특별히 박해받은 이들이었다. 가톨릭 교회의 공식 마녀사냥 지침서는 산파를 치유할 뿐 해를 끼치지 않는 좋은 마녀로 분류했지만, 그렇다고 마녀가 아닌 건 아니었다.[29]

여자들이 병자를 낫게 하는 수상한 능력 때문에 박해받는 동안, 유럽 전역 여러 대학의 의사들은 플라톤과 아리스토텔레스를 공부할 뿐 인체에 대해서는 거의 배우지 않았다. 그들은 실험하지 않았고, 우리가 아는 형태의 과학을 수행하지 않았으며, 미신적인 측면이 많았던 자신들의 치료법을 뒷받침할 경험 데이터를 거의 갖고 있지 않았다. 여자 주술사들도 곧잘 미신을 따르긴 했으나, 그들은 일찍이 중세 초기부터 맥각으로 자궁 수축을 앞당길 줄 알았고 벨라도나*로 유산을 막을 줄 알았다. 의사들이 여태 치통을 다스린답시고 환자의 턱에 기도문을 써주던 시절에 빙엔의 성 힐데가르트는 213가지 약초의 치유력을 목록으로 정리했으며, 민간의 여자 치료사들은 효과적인 진통제와 항염증제를 제조하는 방법들을 알았다.

미국 의학의 아버지로 손꼽히는 벤저민 러시는, 바버라

---

* belladonna. 가짓과의 여러해살이풀. 민간에서 경련과 통증을 가라앉히는 데 쓰였다.

에렌라이크와 디어드리 잉글리시의 표현을 빌리자면, 〈트란실바니아 풍으로 지나치게〉 환자의 피를 뽑았다. 18세기 말과 19세기 초에 환자들은 졸도할 지경으로 피를 뽑혔고, 수은을 복용했으며, 물집이 잡히는 겨자 고약을 발랐다. 의학교들은 공식 의료 교육에서 여자를 배제했지만, 가정에서 이뤄지는 여자들의 비공식 의료 행위는 의사들이 때로는 공격적으로 맞서야 할 만큼 만만찮은 경쟁 상대였다. 그러나 의사들이 곧 알아차렸듯이, 치유의 기술은 상품화하기가 어렵다. 좀 더 기다리며 두고 보자는 현명한 처방은 팔기가 어려운데, 한 이유는 꼭 아무것도 안 하는 것처럼 보이기 때문이다. 에렌라이크와 잉글리시는 시장의 압력이 〈영웅적〉 의료 행위, 즉 방혈 같은 위험천만한 요법에 심하게 의존하는 행위를 낳았다고 말한다. 영웅적 의료의 목적은 환자를 낫게 하는 것이라기보다는 환자에게 치료비를 물리기 위해서 모종의 측정 가능한, 더 바라기로는 극적인 효과를 내는 거였다. 러시 박사만 해도 치료한 환자보다 죽인 환자가 더 많다는 비난을 들었다.

출산은 의사들이 제일 마지막으로 점령한 의료 분야 중 하나였다. 정숙함과 전통이 남자가 출산에 참여하는 걸 막았기 때문에, 산과 의사들은 자신들의 서비스를 팔기 위해서 산파를 무지하고, 더럽고, 위험한 존재로 그리는 홍보를 펼쳤다. 19세기에 도시의 가난한 산모들은 자선 병원에서 무료로 출산했지만, 부유한 산모들은 여전히 집에서 아기를 낳았다. 출산이 차츰 병원으로 옮겨지자, 산모 사망률이 급등했다. 검진 사이사이 손을 씻지 않는 의사들 때문에 산욕열이라고 불렸던 산후 패혈증이 퍼진 것이었다. 그러나 의사들은 그것을 꽉 조인 페티코트, 성마른 성미, 나쁜 도덕관념 탓으로 돌렸다.

20세기 심리학자들은 조현병을 자식을 숨 막히게 만드는 고압적인 어머니들 탓으로 돌렸다. 1973년까지 정신 질환으로 분류되었던 동성애는 자식을 싸고도는 근심 많은 어머니들 탓이라고 했다. 1950년대까지 유력하게 여겨졌던 이론에 따르면, 자폐증은 냉정하고 둔감한 〈냉장고 엄마들〉 탓이었다. 요즘도 어머니는 〈세균론의 빠진 고리로 간편하게〉 동원된다는 게 심리 치료사 재나 맬러머드 스미스의 지적이다. 스미스는 〈원인이 바이러스도 세균도 아니라면 엄마겠지〉라고 비꼬았다.

1998년, 영국 소화기(消化器) 의사 앤드루 웨이크필드는 어머니들이 아니라 제약 회사들이 자폐증을 일으킨다는 가설을 제기했다. 지금은 철회되었으나 당시 『랜싯』에 실렸던 그의 논문은 12명의 아이를 사례 조사한 것이었고, 홍보 비디오와 기자 회견이 수반되었다. 그것을 통해서 웨이크필드는 이미 백신이 안전하지 않다고 믿고 있던 부모들의 의혹을 지지했다. 그의 논문은 MMR 백신이 자폐 증상을 포함하는 행동 증후군과 관계 있을지도 모른다고 추측한 내용이었다. 논문이 널리 보도되자 홍역 백신 접종률이 뚝 떨어졌지만, 사실 논문의 결론은 〈우리는 홍역, 볼거리, 풍진 백신과 앞서 말한 증후군 사이의 연관성을 증명하지는 못했다〉라는 거였으며 논문의 주된 발견은 더 많은 연구가 필요하다는 거였다.

이후 십 년 동안, 숱한 연구가 MMR 백신과 자폐증의 관계를 밝히려 시도했지만 족족 실패하기만 했다. 웨이크필드의 가설에 호의적인 연구자들조차 그의 연구를 재현하지 못했다. 2004년, 백신 제조업체들을 상대로 소송을 준비하던 한 변호사가 웨이크필드에게 연구에 대한 대가를 지급했다는 사실을 한 탐사 저널리스트가 밝혀냈다.[30] 그리고 2007년, 영국 국가 의료 심의회는 웨이크필드의 의료 윤리에 대한 조사를 실시하여 그의 처신이 〈무책임하고 부정직했다〉는 결론을 내렸다. 그가 아이들에게 불필요한 침습성 조사를 가했으며 〈의학 연구의 기본 원칙들을 반복적으로 어겼다〉는 것이었다. 웨이크필드는 더 이상 영국에서 의료 행위를 할 수 없게 되었지만, 이미 그는 미국으로 이주한 뒤였다. 평결에 대해서 웨이크필드는 〈체제는 늘 반대 의견을 이런 식으로 다루는 법〉이라며, 스스로를 박해받는 사람으로 포장했다. 자신의 연구가 억압당하는 것은 자신이 부모들의 말에 과감히 귀 기울였기 때문이라고, 〈특히 부모들이 주장한 백신과의 연관성에〉 귀 기울였기 때문이라고 주장했다.

나처럼 변변치 않은 지식만을 갖춘 사람이 압축된 의학사의 개요를 대강 실눈으로 훑어보기만 해도, 지난 200년 동안 과학으로 통했던 것 중 적잖은 부분은, 특히 여성과 관련된 부분은 과학 탐구의 산물이라기보다는 기존 이데올로기를 뒷받침할 요량으로 재사용된 과학의 찌꺼기에 가까웠다는 사실을 알 수 있다. 웨이크필드의 연구는 그전통을 좇는 것이었다. 그의 연구는 이미 퍼져 있던 가설을, 특히 냉장고 엄마 이론이 남긴 여파에 여태 시달리던 여성들에게 특별한 호소력이 있던 가설을 지지하는 데 쓰였다. 확정적이지 못한 웨이크필드의 연구를 가져다가 백신이 자폐증을 일으킨다는 가설을 지지하는 데 썼던 사람들의 죄는 무지나 과학 부정이 아니었다. 그보다는 이전부터 우리가 허술한 과학을 이용해 왔던 방식대로, 즉 다른 이유에서 사실이라고 믿고 싶은 생각에 거짓 신뢰성을 부여하려는 용도로 과학을 이용한 죄였다.

백신 접종이 참혹한 질병을 일으킨다는 믿음은 우리가

이미 잘 아는 이야기를 스스로에게 다시 들려주게끔 허락한다. 치료가 해가 될 수도 있다는 이야기를, 과학의 총합이 늘 진보만은 아니라는 이야기를. 도나 해러웨이는 〈자연 과학 지식이 여성을 해방시키는 게 아니라 여성을 지배하기 위해서 쓰여 왔다는 사실을 여자들은 잘 안다〉고 말했다. 그녀가 볼 때, 이런 깨달음은 과학의 이름을 앞세워 절대적 진리를 자신하는 솔깃한 주장에 대해서 우리가 덜 취약해지도록 돕는다. 그러나 한편으로 이런 이해는 과학 지식의 영역과 중요성을 경시하도록 이끌 수도 있다. 해러웨이는 우리에게는 과학이 필요하다고 경고한다. 사회적 지배를 전제로 하지 않는다면, 과학은 우리를 해방시키는 것일 수도 있다.

14. 우리는 모두 오염된 존재

옛 천연두 기록을 읽을 때 오물filth이란 단어를 만나지 않기란 여간 어려운 일이 아니다. 19세기에 천연두는 오물의 질병이라고 널리 여겨졌는데, 그것은 곧 대체로 가난한 사람들의 질병으로 이해되었다는 뜻이다. 오물 이론은 배설물이나 썩은 물질 때문에 불결해진 나쁜 공기가 수많은 감염성 질병을 일으킨다고 주장했다. 중산층은 도시 빈민의 위생 상태에서 위협을 느꼈고, 창을 굳게 닫아서 빈민가로부터 불어오는 공기를 막았다. 오물은 질병뿐 아니라 부도덕의 원인으로도 간주되었다. 〈더러워! 더러워!〉『드라큘라』의 여주인공은 뱀파이어에게 물린 걸 알고 이렇게 한탄하는데, 이때 그녀의 절망은 제 몸의 운명에 대한 것 못지않게 영혼의 운명에 대한 것이었다.

오물 이론은 결국 감염의 속성을 더 잘 설명하는 이론인 세균론으로 교체되었지만, 그렇다고 해서 오물 이론이 깡그리 틀렸거나 쓸모없는 건 아니었다. 비록 천연두는 그런 종류가 아니지만, 길거리에 아무렇게나 흐르는 하수는 분명 질병을 퍼뜨린다. 그리고 오물 이론에 영향받아 이뤄진 위생 개혁은 콜레라, 발진 티푸스, 흑사병 발병을 극적으로 줄였다. 깨끗한 식수는 개혁이 가져온 제일 중요한 변화였다. 일례로 시카고 강으로 투기되는 하수가 도시의 식수원인 미시간 호로 직접 들어가지 않도록 강의 흐름을 바꿨던 공사는 시카고 시민들에게 몇몇 뚜렷한 이득을 안겼다.

시카고 강 물살 변경으로부터 긴 시간이 흐른 오늘날, 내가 미시간 호 호숫가에서 만나는 어머니들은 오물은 크게 염려하지 않는다. 대부분의 어머니들은 흙이 아이들에게 좋다고 믿는다. 반면에 공원 잔디는 혹시 독성 화학 물질로 처리되었을지 몰라서 경계하는 어머니들이 있다. 오물이나 세균이 아니라 독소가 대부분의 질병의 근본 원인이라는 생각은 나 같은 사람들 사이에 널리 퍼진 질병 이론이다. 우리를 걱정시키는 독소는 농약 잔류물에서 고과당 시럽까지 다양하고, 특히나 수상한 물질로는 깡통 안쪽에 코팅된 비스페놀 A, 샴푸에 든 프탈레이트, 소파나 매트리스에 처리된 염소계 인산염이 있다.

나는 임신하기 전에도 곧잘 직관적 독성학을 실시했지

만, 아들이 태어난 뒤에는 아예 폭 빠졌다. 생각해 보니 아이가 젖만 먹는 한, 아직 농장이나 공장의 불순물과 교류하지 않은 몸이라는 닫힌계의 환상을 즐길 수 있었다. 더럽혀지지 않은 몸의 낭만에 매료된 나머지, 아이가 태어나서 처음 물을 마셨을 때 괴로워했던 게 기억난다. 〈더러워! 더러워!〉 내 마음은 외쳤다.

「아이는 너무 순수했어요.」볼티모어의 한 어머니는 영아 때 백혈병에 걸린 아들에 대해서 이렇게 말했다. 그 어머니는 아들의 병을 백신 속 오염 물질 탓으로 비난했고, 아들에게 백신을 맞힌 자신을 비난했다. 백신 속 포름알데히드가 암을 일으킬지도 모른다는 공포는 미량의 물질에 대한 공포라는 점에서, 즉 사람들이 해당 물질의 다른 흔한 공급원들을 통해 접하는 양보다 상당히 더 작은 양을 두고 형성된 공포라는 점에서 수은이나 알루미늄에 대한 공포와 비슷하다. 포름알데히드는 자동차 배기가스와 담배 연기에 들어 있을뿐더러 종이 가방과 종이 타월에도 들어 있고, 가스 난로나 벽난로에서도 나온다. 많은 백신에 바이러스를 불활성화하는 데 쓰이는 포름알데히드가 미량 들어 있는데, 포름알데히드를 유리병에 담긴 죽은 개구리와 결부시켜 떠올리는 사람이라면 경각심을 느낄 법도 하다. 고농도라면 정말 유독하지만, 포름알데히드는 인체가 만들어 내는 물질인 데다가 대사 활동에도 꼭 필요한 물질이다. 게다가 애초에 우리 몸에서 순환하고 있는 포름알데히드의 양은 백신 접종으로 얻는 양보다 상당히 더 많다.

수은으로 말하자면, 아이가 백신 접종보다 주변 환경에서 접하는 수은이 더 많다는 게 거의 늘 확실하다. 백신의 면역 반응을 강화하는 증강제로 자주 쓰이는 알루미늄도 마찬가지다. 알루미늄은 과일과 곡물을 비롯한 많은 것에 들어 있고 물론 모유에도 들어 있다. 알고 보니 모유는 전반적인 주변 환경만큼 오염되어 있는 물질이었다. 모유를 분석한 실험실들은 그 속에서 페인트 희석제, 드라이클리닝 용액, 내연제, 농약, 심지어 로켓 연료를 검출해 냈다. 저널리스트 플로렌스 윌리엄스는 이렇게 말했다. 〈그런 화학 물질들은 대개 극미량만 들어 있지만, 그래도 만일 사람의 젖이 동네 피글리위글리 슈퍼에서 팔린다면 일부 제품은 DDT나 PCB(폴리염화바이페닐) 잔류량에 대한 연방 식품 안전 기준에 걸릴 것이다.〉

독소toxin라는 단어를 내연제나 파라벤의 맥락에서 듣는 데 익숙한 사람이라면, 이 단어의 정의가 좀 놀랍게 느껴질 수도 있다. 요즘은 인공 화학 물질을 가리키는 말로 자주 쓰이지만, 이 용어의 가장 정확한 의미는 여전히 생물학적으로 생성된 독성 물질을 가리키는 용도다. 일례로 백일해 독소는 백일해를 일으키는 세균이 항생제로 제거된 뒤에도 몇 달 동안 뒤에 남아서 폐에 손상을 일으키고 경련성 기침을 일으키는 범인이다. 디프테리아 독소는 대대적인 장기 기능 장애를 일으킬 수 있고, 파상풍은 치명적인 신경 독소를 생성한다. 오늘날의 백신은 이런 독소로부터도 우리를 보호해 준다.

변성 독소toxoid란 독성이 제거된 독소를 말하는 용어이지만, 백신 중에 변성 독소라고 불리는 종류가 있다는 사실은 백신이 독소를 공급한다고 믿는 흔한 걱정을 잠재우는 데 별 도움이 안 될 것이다. 소비자 운동가 바버라 로 피셔[31]는 그런 공포를 수시로 부추긴다. 그녀는 백신을 〈미지의 독성을 지닌 생물학적 제제〉라고 일컫고, 무독성 보존제를 쓸 것을 요구하며, 〈다른 모든 백신 첨가제들의 독성〉과 그것들이 미칠 수 있는 〈누적적 독성 효과〉에 대해서 더 많이 조사할 것을 요구한다. 그러나 그녀가 말하는 독성은 정체가 애매하다. 그녀는 백신의 생물학적 성분을 말하다가 백신 보존제로 넘어가고, 거기서 또 백신뿐 아니라 전반적인 환경이 가하는 독성의 누적적 효과로 넘어간다.[32]

이런 맥락에서, 독성에 대한 두려움은 오래된 불안이 새 이름을 얻은 것처럼 보인다. 과거에 오물이라는 단어가 도덕주의적 분위기를 풍기면서 육신의 악을 성토했다면, 요즘은 독소라는 단어가 산업 사회의 화학적 악을 규탄한다. 이것은 환경 오염에 대한 염려가 타당하지 않다는 말이 아니고, — 오물 이론과 마찬가지로 독성 이론은 타당성이 인정되는 위험에 닻을 내리고 있다 — 다만 독성에 대한 우리의 사고방식이 오물에 대한 과거의 사고방식과 약간 비슷하다는 말이다. 두 이론 모두 지지자들에게 저마다 개인적 순수함을 추구함으로써 자기 건강을 자기가 통제할 수 있다는 느낌을 갖게끔 만들어 준다. 오물 이론을 따르는 이들에게는 이것이 집 안에 틀어박힌 채 빈민들의 냄새와 그들의 문제로부터 자신을 보호해 줄지도 모르는 묵직한 커튼과 덧문을 내려 두는 것을 뜻했다. 그리고 요즘 우리에게는 정수된 물, 공기 청정기, 순수함을 약속하며 생산된 식품을 구매하는 것이 그렇게 덧문을 내려 두는 것에 해당한다.

순수함, 특히 신체적 순수함은 언뜻 무해한 개념으로 보이지만, 실은 지난 세기의 가장 사악한 사회 활동들 중 다수의 이면에 깔린 생각이었다. 신체적 순수함에 대한 열정은 맹인이거나 흑인이거나 가난한 여자들에게 불임 시술을 실시했던 우생학 운동의 동기였다. 신체적 순수함에 대한 걱정은 노예제가 폐지된 뒤에도 한 세기 넘게 살아남았던 인종 혼합 결혼 금지법의 이면에 깔린 생각이었으며, 최근에서야 위헌으로 판정된 남색 금지법의 이면에 깔린 생각이기도 했다. 모종의 상상된 순수성을 보존하려는 노력 때문에, 그동안 인류의 유대는 적잖이 희생되어 왔다.

제대혈과 모유에 든 엄청나게 다양한 화학 물질이 앞으로 아이들의 건강에 어떤 영향을 미칠지는 아직 정확히 모른다지만, 최소한 우리는 우리가 출생 시점부터도 전반적인 주변 환경보다 더 깨끗한 존재는 못 된다는 걸 안다. 우리는 모두 오염된 존재이다. 자기 몸의 세포보다 더 많은 수의 미생물을 장 속에 품고 있다. 우리는 세균으로 우글거리는 존재이고, 화학 물질로 포화된 존재이다. 한마디로 우리는 지상에 존재하는 모든 것과 이어져 있다. 물론, 그리고 특히, 다른 사람들과도.

15. 뱀파이어의 시대

아들이 태어난 뒤 첫 몇 주 동안, 3월의 바람이 호수를 휩쓸고 우리 아파트로도 새어 들었다. 나는 매일 밤 몇 시간씩 딱딱한 나무 흔들의자에 앉아서 보채는 아기를 어르며 창을 바라보았는데, 바람에 나부끼는 나뭇가지의 그림자만 겨우 보일 뿐이었다. 의자는 삐걱거렸고, 바람은 신음했고, 나는 누군가 유리를 톡톡 두드리면서 창틀 주변에서 펄럭거리는 소리를 들었으며, 거기 있는 뱀파이어가 집 안으로 들어오려 한다고 생각했다. 환한 대낮이 되면 그 창문 근처에 깃대가 서 있어서 그 깃발이 펄럭이고 그 줄이 탁탁 쳐대는 거란 사실을 떠올렸지만, 아무튼 그 순간에는 공포를 느꼈다. 얼마 전에 본 뱀파이어 영화에서 얻은 믿음, 뱀파이어가 내 허락 없이는 안으로 들어올 수 없다는 믿음만이 나를 달랬다.

나는 캄캄할 때는 거울을 피했고, 피투성이 악몽 때문에
잠에서 깼고, 움직이지 않는 것들이 움직이는 걸 보았다.
낮에는 호수가 나를 위해서 노래한다고 생각하기 시작했
다. 일정한 음으로 나직하게 이어지는 그 노래는 나만 들
을 수 있었다. 나는 그 노래에 동요하면서도 위로받았다.
흔들의자 옆 탁자 위에는 1리터짜리 키 큰 유리병 두 개에
물을 담아서 세워 두었다. 아기에게 젖을 물린 동안 그 병
들을 바라보면서, 병원에서 내가 피 2리터를 흘렸다는 말
을 들었던 걸 떠올렸다. 그들이 어떻게 내가 흘린 피의 양
을 알았는지가 내게는 줄곧 수수께끼였다. 왜냐하면 내 피
는 바닥에 온통 쏟아졌기 때문이다. 훨씬 더 나중에 남편
은 내게 피가 바닥에 괴자 간호사가 수건으로 피 웅덩이
가장자리를 밀어서 찰싹찰싹 작은 파도 소리가 났다고 말
해 주었다. 하지만 나는 그걸 보지 못했고, 찰싹찰싹 소리
도 못 들었으므로, 두 개의 1리터짜리 유리병만이 내가 잃
은 것을 가늠해 볼 척도였다.

당시는 뱀파이어가 유행이었다. 「트루 블러드」가 새 텔
레비전 시리즈로 방영되었고, 「뱀파이어 다이어리」가 곧
방영될 예정이었으며, 「트와일라잇」 시리즈는 내가 읽지
않은 책들로 나왔다가 내가 보지 않은 영화들로 이어졌다.
동네에 주차된 어느 차에는 〈피가 새로운 검정이다〉라고

적힌 범퍼 스티커가 붙어 있었고,* 출산 후 처음 서점에 나가 보니 십 대를 위한 뱀파이어 소설만 따로 모아 둔 코너가 마련되어 있었다. 뱀파이어는 문화 현상의 일부였다. 하지만 새로 어머니가 된 내가 뱀파이어에 꽂혔던 건 그것이 나로 하여금 뭔가 다른 걸 생각하게끔 해주는 방법이었다는 이유도 있었다. 뱀파이어는 은유였다. 아기에 대한 은유인지 나 자신에 대한 은유인지는 가리기 어려웠지만 말이다. 아기는 낮에는 자고 밤에는 깨어 젖을 먹었는데, 가끔은 이도 안 난 입으로 내게 피를 냈다. 아기는 날이 갈수록 활발해졌지만, 나는 계속 쇠약하고 창백했다. 그러나 한편으로 나는 내 것이 아닌 피로 살아가고 있었다.

출산 직후, 다른 측면에서는 어렵지 않았던 분만 끝에, 내 자궁이 뒤집혀 모세혈관이 터지고 피가 흘렀다.[33] 아무런 의학적 개입 없이 진통제도 주사도 없이 분만하고 있던 나는 서둘러 수술실로 옮겨져서 전신 마취를 받았다. 깨어났을 때는 내가 있는 곳이 어디인지 모르는 채, 따뜻하게 데워진 담요 무더기 밑에서 오들오들 떨고 있었다. 「여기 내려온 사람은 다들 그래요.」 산파가 저 위 환하고 흐릿한 곳에서 나를 굽어보며 말했다. 우연이었겠지만, 그 때문에 정말로 내가 스틱스 강변으로 내려왔나 보다 하는 느낌이

---

* 패션업계에서 나온 표현인 〈새로운 검정〉은 새로운 유행을 뜻한다.

강해졌다. 〈내려왔다니, 여기가 어디지?〉 나는 계속 의아했다. 하도 힘이 없어서 많이 움직일 수 없었지만, 움직이려 해보니 내 몸에 관들과 선들이 늘어져 있는 걸 알았다. 두 팔에 각각 주사가 꽂혀 있었고, 다리 사이로 도뇨관이 나와 있었고, 가슴에 모니터가 연결되어 있었고, 얼굴에 산소 마스크가 씌워져 있었다.

나는 회복실에 혼자 있다가 잠에 빠졌다. 그러다가 내가 호흡을 멈췄다는 끔찍한 감각이 드는 바람에 번쩍 깨어났다. 주변 기계들이 삑삑대고 있었다. 간호사가 기계를 만지작거리며, 기계가 내 호흡이 멎었다는 표시를 내는 걸 보니 오작동을 일으킨 모양이라고 중얼거렸다. 나는 기침을 했고, 좀처럼 숨을 고르지 못해, 〈도와주세요〉라고 말하려 애쓰다가 기절했다. 깨고 보니 의사가 침대 발치에 서 있었다. 의사는 내가 수혈을 받아야겠다고 결정했다. 간호사는 그 결정에 반색하며, 내게 수혈은 꼭 마법 같다고 말했다. 거무죽죽하던 사람들이 수혈을 받은 뒤 혈색이 돌아오는 모습을 봤다고, 움직이지 못하던 사람들이 일어나 앉고 먹을 걸 달라고 하는 모습을 봤다고 말했다. 생명이나 죽음 같은 단어는 쓰지 않았지만, 간호사는 내게 죽은 자가 살아나는 걸 봤다고 말한 셈이었다.

냉장 혈액이 내 혈관으로 들어오는 동안, 살아나는 것

같은 기분은 조금도 들지 않았다. 팔에서 가슴 쪽으로 불길하고 차가운 통증이 퍼지는 게 느껴질 뿐이었다. 「보통은 깬 상태에서 수혈받지 않으니까요.」 내가 피의 온도를 언급하자 의사는 말했다. 의사는 바퀴 달린 의자 위에 위태롭게 서 있었는데, 임시변통으로 그렇게라도 피 주머니를 천장에 더 가깝게 올려서 중력이 피를 더 빨리 내 몸에 집어넣도록 하려는 것이었다. 병원 정책상 아기가 나와 함께 회복실에 머물 순 없었고 의사도 그건 어떻게 손쓸 도리가 없었지만, 내가 회복실에서 좀 더 빨리 나가도록 피를 더 빨리 집어넣을 방법을 궁리해 줄 수는 있었다. 시야 가장자리가 어두워지기 시작했고, 속이 울렁거렸고, 병실이 핑핑 돌았다. 다 정상입니다, 의사는 말했다. 「당신 피가 아니잖아요.」

　내가 출산 후 몇 주 동안 느꼈던 극심한 두려움은 여러 가지로 설명할 수 있었다. 나는 처음 어머니가 되었고, 가족과 떨어져 있었고, 빈혈을 겪었으며, 피로로 의식이 혼미했다. 그러나 내가 두려움의 진정한 근원을 안 것은 몇 달 뒤, 곡목(曲木)으로 만들어졌고 투명 캔버스를 덮은 작은 카누를 타고 미시간 호로 나간 순간이었다. 나는 이전에도 그 배로 그 호수에 여러 번 나갔고 한 번도 겁난 적 없었지만, 이번에는 귓전에서 내 맥박이 쿵쾅거리는 소리가 들렸다. 나는 내 밑의 방대한 물을, 그 차갑고 가없는 깊이를 처음 인식했고, 내 배의 연약함을 뼈저리게 인식했다. 나는 약간 실망한 심정으로 생각했다. 〈아, 나는 죽는 게 무섭구나.〉

뱀파이어는 불사의 존재이지만, 정확히 말해서 살아 있다고는 할 수 없다. 브램 스토커가 드라큘라에게 썼던 표현은 언데드(죽지 않은 자)undead였다. 프랑켄슈타인도 좀비도 그 밖에 모든 되살아난 시체도, 그리스 신들과 같은 불멸의 존재가 아니라 언데드들이다. 나는 출산 후 회복하던 몇 달 동안 언데드라는 말에 매료되었다. 그 기간에 수시로 그 단어를 떠올릴 이유가 있었기 때문이다. 나는 살아 있었고, 그래서 감사했지만, 자신이 완벽한 언데드처럼 느껴졌다.

자궁을 바로잡는 수술 중에 나는 니트로글리세린을 주입받았다. 산파는 〈폭탄에 쓰이는 물질 있잖아요〉라고 알려 주었다. 나는 아들을 편하게 안고 싶어서 회복실을 벗어나자마자 팔에 꽂힌 주사를 뽑고 싶었지만, 산파는 감염을 예방하기 위해서는 혈액으로 항생제를 맞아야 한다고 설명했다. 「많은 사람의 손이 몸속에 들어갔었잖아요.」 산파는 터놓고 말했다. 그 손들 중에는 물론 아기와 태반이 배출되는 걸 도왔던 산파 자신의 손도 있었지만, 나는 이후 수술도 받았다. 그 수술은 절개를 전혀 하지 않은 채 전적으로 사람 손으로만 실시되었다. 나중에 이 사실을 들었을 때, 나를 구한 기술이 다름아닌 사람 손이라는 사실이 마법 같으면서도 한편 시시하게 느껴졌다. 그러나 물론, 우리의 기술은 곧 우리다.

〈많은 사람의 손이 몸속에 들어갔었잖아요〉는 수술 후 오랫동안 내 머릿속에서 〈당신 피가 아니잖아요〉와 함께 울릴 문장이었다. 내 임신은, 여느 임신이 다 그렇겠지만, 내 몸이 나만의 것이 아니며 그 몸의 경계는 이전에 믿었던 것보다 투과성이 훨씬 더 높다는 사실을 이해하게끔 이끌었다. 그런 생각은 쉽게 떠오르는 것이 아니었고, 임신 중에 나는 내가 떠올린 은유들 중 정치적 폭력의 은유가 많다는 사실에(침략, 점령, 식민화) 실망했다. 하지만 내 몸에 가해진 폭력이 가장 극심했던 분만 중, 오히려 나는 내 몸이 다른 몸들에 의존한다는 사실이 흉하다고 느껴지기는 커녕 아름답다고 느껴졌다. 아들을 낳은 뒤 병원에서 내게 벌어졌던 모든 일이, 지금은 차갑거나 잔인한 기억으로 남은 일조차도, 당시 내게는 인간애로 빛나는 사건들로 느껴졌다. 나를 위해서 경보가 울렸고, 의사들이 내게 달려와주었고, 나를 위해서 피 주머니가 준비되었고, 사람들이 내

입술에 얼음 조각을 대주었다. 내 속에, 그리고 나와 접촉한 모든 것 속에 사람들의 손길이 있었다. 니트로글리세린에, 내 호흡을 감시하던 기계에, 내 것이 아닌 피에.

〈어느 시대 혹은 어느 문화적 순간을 이해하고 싶다면, 그들의 뱀파이어를 보라.〉『죽은 자는 빠르다』를 쓴 에릭 누줌은 이렇게 말했다. 우리 시대의 뱀파이어들은 아기의 피를 좋아했고 그 사실에 가책을 느끼지도 않는 것 같았던 빅토리아 시대의 무정한 뱀파이어들과는 다르다. 우리의 뱀파이어들은 고뇌를 겪는다. 어떤 뱀파이어는 사람의 피를 빠느니 굶주림을 택하고, 어떤 뱀파이어는 합성 피를 마신다. 〈현대의 뱀파이어들은 거의 모두 도덕적이려고 애쓴다.〉 남편과 사별한 뒤 몇 달 동안 뱀파이어 소설과 뱀파이어 텔레비전 드라마에 빠져 살았던 저널리스트 마고 애들러는 이렇게 말했다. 〈최면을 거는 힘, 은밀한 침투, 피를 빠는 성질 등등 때문에 으레 뱀파이어를 성적인 존재로 말하지만, 현대의 뱀파이어는 대부분 섹스에 대한 이야기라기보다는 힘에 대한 이야기다.〉

힘은, 물론, 뱀파이어적이다. 우리가 힘을 즐기는 건 오로지 남들은 그러지 못하기 때문이다. 힘은 철학자들이 위치재라고 부르는 것, 즉 내가 남보다 얼마나 더 많이 갖고 있느냐에 따라 가치가 결정되는 재화에 해당한다. 특권도

위치재다. 그리고 어떤 사람들은 건강도 위치재라고 주장한다.[34]

　우리 시대의 뱀파이어들은 여전히, 그 밖의 무엇을 더 뜻하든 간에, 우리 몸이 침투 가능하다는 사실을 일깨우는 존재들이다. 우리가 서로를 먹고산다는 사실, 우리는 서로가 있어야 살 수 있다는 사실을 일깨우는 존재들이다. 우리 시대의 뱀파이어들은 우리의 끔찍한 입맛과 고뇌 어린 자제를 둘 다 반영한다. 자신에게 피가 필요하다는 사실에 고뇌하는 우리 시대의 뱀파이어들은 우리가 살기 위해서 서로에게 무엇을 요구하는가를 생각해 볼 계기를 안기는 셈이다.

16. 무기로서의 백신

아버지의 왼팔에는 50년도 더 전에 맞았던 천연두 백신이 남긴 흉터가 있다. 그 백신 덕분에 전 세계에서 천연두가 근절되었다. 마지막으로 자연 감염 사례가 발생했던 건 내가 태어난 해였다. 그로부터 3년 뒤인 1980년, 20세기들어 같은 세기의 모든 전쟁 사망자보다 더 많은 사람을 죽였던 질병은 공식적으로 지구에서 사라진 것으로 선언되었다.

이제 천연두 바이러스는 세계에서 단 두 군데 실험실에만 있는데, 한 곳은 미국이고 다른 한 곳은 러시아다. 세계보건 기구는 천연두 근절 직후부터 그 저장량마저 없앨 최종 시한을 수차례 설정했으나, 둘 중 어느 나라도 따르지 않았다. 2011년에 문제를 논의했을 때, 미국은 혹시 모르니까 안전을 위해서 더 나은 백신을 개발하려면 바이러스에 좀 더 시간을 줘야 한다고 주장했다. 천연두는 이제 더는 질병이 아니다. 잠재 무기일 뿐이다. 그리고 설령 최후의 저장량마저 파괴되더라도 여전히 무기로 남을 것이다. 우리는 천연두가 왜 그렇게 독한 질병인가를 비롯하여 천연두에 대해서 모르는 것이 여전히 많지만, 그래도 이론적으로 천연두를 실험실에서 되살릴 수 있을 만큼은 안다. 칼 짐머는 〈우리의 지식이 바이러스에게 일종의 영생을 부여한다〉고 말했다.

미국에서 천연두 백신 의무 접종이 중단된 지 30년이 흐른 뒤, 정부는 아이오와 대학 연구자들에게 아직까지 보관된 백신의 효능을 확인해 달라고 요청했다.[35] 그 시기는 9·11 테러 이후 정부가 온갖 종류의 테러 가능성을 예상하던 시절이었고, 그 가능성 중에는 천연두를 생물 무기로 쓰는 것도 포함되어 있었다. 확인 결과, 천연두 백신은 보관된 지 수십 년이 지난 상태였고 공급량을 늘리기 위해서 희석된 상태였는데도 여전히 효능을 유지하고 있었다. 그러나 아이오와 대학의 백신 연구 교육 센터 소장 퍼트리샤 위너커에 따르면, 백신 시험 결과는 〈오늘날의 기준으로는 받아들일 수 없는 것〉이었다. 백신 접종자 중 3분의 1이 고열이나 발진을 겪었고, 그중 몇몇은 며칠이나 앓았다.

그 백신은 천연두를 근절했지만, 현재의 아동 접종 일정표에 포함된 어느 백신보다 훨씬 더 위험하다. 천연두 백신 접종 후 사망 위험을 약 100만 명 중 1명으로 본 계산도 있다. 내 아버지 세대의 많은 아이는 그 위험을 감수했다. 그 세대는 이른바 〈소아마비 개척자들〉 세대, 그러니까 미국 전역에서 제 부모에게 이끌려서 최초의 소아마비 백신 시험에 자원했던 총 65만 명 아이들의 세대였다. 조너스 소크가 먼저 자신과 세 아들에게 백신을 시험해 본 뒤의 일이었다. 나는 그 소아마비 개척자들의 사진을 본 적이 있는데, 나이가 내 아들보다 약간 더 많은 아이들이 소맷자락을 말아 올린 채 줄지어 서서 카메라를 향해 활짝 웃고 있었다.

제인 스미스는 그 아이들의 부모들에 대해서 이렇게 썼다. 〈그들은 소아마비를 두려워했고, 폭탄을 두려워했다. 그리고 그 둘을 같은 것으로, 사전 경고 없이 덮쳐서 자신들과 자식들의 목숨을 앗아 갈 갑작스런 힘으로 간주하는 경향이 있었다.〉 소아마비 개척자들은 히로시마의 여파 속에서, 전시에 징집당한 경우가 많았던 부모들에게서 태어났다. 그 부모들이 제 자식에게 실험 단계의 백신을 맞히는 걸 허가할 때 서명했던 문서는 부모의 동의를 구하는 형식이 아니었다. 오히려 부모가 시험에 참가하게 해달라고 〈요청〉하는 형식이었다. 요즘의 부모들이 그런 요청을 하는 건 상상하기 어렵다. 우리는 더 많은 백신 검사와 더 많은 인간 시험을 수시로 요청하지만, 제 자식을 그런 시험의 피험자로 제공할 의향은 없다는 생각을 암묵적 전제로 깔고 있다.

소아마비는 백신 덕분에 근절될 가능성이 있는 다음번 질병이지만, 이 사업은 천연두 근절보다 더 어려운 것으로 밝혀졌다. 천연두 바이러스에 감염된 사람과는 달리, 소아마비 바이러스에 감염된 사람 중 다수는 아무런 증상을 드러내지 않고 마비도 일으키지 않은 채 바이러스를 보유하다가 남에게 전달한다. 천연두처럼 개별 증례를 확인하여 격리하는 데 유용한 발진이 눈에 띄게 나타나는 게 아니라서, 소아마비를 근절하려면 보편적 백신 접종에 좀 더 의존해야 한다.

소아마비는 이제 파키스탄, 아프가니스탄, 나이지리아에만 풍토병으로 남았다. 2003년에 나이지리아의 소아마비 근절 캠페인이 일시적으로 중단되는 사건이 있었다. 그곳 종교, 정치 지도자들이 백신은 서구 열강이 무슬림 아이들을 불임으로 만들려고 꾸민 책략이라는 소문을 사실로 받아들인 탓이었다. 나이지리아의 샤리아 최고 위원회 의장은 〈현대의 히틀러들이 의도적으로 경구 소아마비 백신에 생식력을 해치는 약물을 넣고 HIV와 에이즈AIDS를 일으킨다고 알려진 바이러스로 오염시켰다고 믿는다〉며, 부모들에게 백신 접종을 거부할 것을 촉구했다.

인류학자 마리얌 야히아에 따르면, 무슬림 국가들에 대한 서구의 공격이 점증하던 시절에 나이지리아의 무슬림들은 이라크와 아프가니스탄이 겪는 침공과 방문 백신 접종원의 가정 침입을 연결하여 생각하게 되었다. 그리고 소아마비는 나이지리아에서도 주로 무슬림이 거주하는 지역의 풍토병이었기 때문에, 소아마비 근절 운동은 상대적으로 무슬림에게만 집중하여 진행되는 것처럼 보였다. 나라 자체의 분열로 인한 불확실성도 있었다. 서로 경쟁 상대인 두 정치 집단이 경구 소아마비 백신에 생식력에 영향을 미칠지도 모르는 에스트로겐이 들었는지 확인하는 시험을 실시했을 때, 결과는 서로 다르게 나왔다. 한쪽에서는 아무것도 발견되지 않았지만, 다른 쪽에서는 미량의 에스트로겐이 검출되었다. 나라 전체의 기본 의료 서비스 부족도 문제였다. 야히아에 따르면, 〈나이지리아 국민들은 보통 사람들이 사소한 병을 다스릴 기본적인 의약품조차 구할 엄두를 못 내는 판국에 연방 정부가 국제 사회의 지원을 받아《공짜》소아마비 백신에 막대한 자원을 쏟아붓는 데 경악하고 있다〉. 정부는 소아마비 근절을 추진하는 데 급급하느라 홍역 같은 다른 예방 가능한 질병들에는 똑같은 관심을 쏟지 않았던 것이다. 그런 질병들이 더 많은 아이를 죽이는데도.

야히아는 나이지리아를 현장 조사하면서 느낀 바를 이렇게 밝혔다. 〈이런 대화에서 갈수록 분명해지는 사실은, 많은 사람이 《공범》이라고 표현한 정부와 서구에 대한 신뢰가 부족하다는 점이다.〉 야히아는 그런 불신을 간과해선 안 된다고 경고하며, 백신 접종을 둘러싼 유언비어는 〈사람들이 식민지 시절 및 독립 후에 겪었던 폭넓은 정치적 경험에 대한 유효한 논평이 언어로 구체화한 것〉으로 이해해야 한다고 말했다. 보이콧이 시작된 지 일 년도 안 된 2004년, 나이지리아는 벌써 세계로 소아마비를 전파하는 질병 발원지가 되었다. 소아마비는 베냉, 보츠와나, 부르키나파소, 카메룬, 중앙아프리카 공화국, 차드, 코트디부아르, 에티오피아, 가나, 기니, 말리, 수단, 토고를 포함한 17개국으로 퍼졌다. 보이콧은 나이지리아 관료들이 무슬림 국가에 근거를 둔 회사에서 생산한 소아마비 백신 사용을 승인한 뒤에야 막을 내렸다.

2012년, 파키스탄 북부의 한 탈리반 지도자는 미국이 그 지역에 대한 드론 공습을 중단할 때까지 소아마비 백신 접종을 금지한다고 선언했다. 그는 백신 접종 캠페인이 미국의 첩보 활동이라고 주장했다. 언뜻 나이지리아의 유언비어와 닮은 것처럼 보였지만, 안타깝게도 이 주장은 좀 더 쉽게 사실로 확인되었다. 미국 중앙 정보국CIA은 오사마 빈 라덴을 추적하던 중 그의 소재를 확인하는 데 도움이 될 DNA 증거를 모으기 위해서 실제로 가짜 백신 접종 캠페인을 벌였다. 진짜 B형 간염 백신을 제공하되 면역 형성에 필요한 3회 용량을 다 놓진 않는 식이었다. 여느 전쟁 행위가 그렇듯이, 이 기만은 결국 여자들과 아이들의 목숨을 대가로 치를 것이었다. 파키스탄 여성 보건 인력은 방문 의료를 제공하도록 훈련받은 여성 11만 명 남짓으로 구성된 단체로, 그러잖아도 탈리반으로부터 잔인한 위협을 받으며 버텨 온 터라 심지어 CIA와 연루되는 건 절대 사양할 일일 것이었다. 탈리반이 접종을 금한 지 오래지 않아, 소아마비 백신 접종원 9명이 조직적으로 계획된 일련의 공격에 살해되었다. 그중 5명은 여성이었다.

파키스탄의 소아마비 근절 캠페인은 살인 사건 이후 일시 중단되었으나, 캠페인이 재개되자 파키스탄과 나이지리아 양쪽에서 살인도 재개되었다. 2013년 나이지리아에서 소아마비 백신 접종원 9명이 총에 맞아 죽었고, 내가 이 글을 쓰는 현재까지 파키스탄에서는 보건 노동자 22명이 살해되었다. 백신 접종 캠페인이 일시 중단되었던 때, 근

10년 동안 소아마비 발병 사례가 없었던 이집트의 하수 표본에서 파키스탄의 소아마비 바이러스가 검출되었다. 소아마비는 이후 이스라엘, 가자, 서안 지구에서도 발견되었고, 시리아에서 13명의 아이를 마비시켰다. 국경을 넘어 퍼지는 소아마비의 능력은 백신 거부가 국제 전쟁에서 유효한 무기로 기능하는 한 요인이다.

프랜시스 포드 코폴라가 「드라큘라」를 영화화하며 그려낸 어느 장면보다도 무서운 「지옥의 묵시록」의 한 장면에서, 커츠 대령은 예전에 자신이 아이들에게 소아마비 백신을 맞히는 걸 거들었던 마을로 돌아갔던 이야기를 들려준다. 가 보니 아이들의 팔이 잘려 있었다. 〈팔들이 무더기로 쌓여 있었지. 작은 팔들이 무더기로.〉 그 작은 팔들의 무더기는 곧 베트남 전쟁이었고, 그 장면은 『암흑의 핵심』을 거쳐서 자연히 벨기에령 콩고라는 잘린 손들의 무더기를 연상시켰다.*

전쟁 중 베트남에서 태어난 내 친구가 자신이 자궁에 있을 때 고엽제에 노출되었다고 말했을 때, 나는 그 작은 팔

---

* 코폴라의 영화 「지옥의 묵시록」은 조지프 콘래드의 소설 『암흑의 핵심』을 원작으로 삼되 배경을 벨기에령 콩고에서 전쟁 시절 베트남으로 각색했는데, 벨기에령 콩고 즉 콩고 자유국을 다스렸던 레오폴드 2세는 콩고 원주민들이 할당된 고무 생산량을 달성하지 못하면 벌로 손목을 자르는 만행을 저질렀던 것으로 악명 높다.

들과 잘린 손들을 떠올렸다. 친구는 미국으로 건너온 뒤 여러 이유에서 영아인 아이들에게 백신을 맞히지 않았는데, 그게 안전하지 않다고 느끼는 것도 한 이유였다. 나는 그녀의 의견에 반대하면서도 마음이 좀 거북했다. 안전에 대한 내 이해는 그녀의 삶보다 좀 더 보호받아 온 삶에서 구축된 것임을 알기 때문이었다. 그녀를 위험에 빠뜨렸던 나라의 시민들을 위해서 그녀의 아이들에게 위험을 감수시키라는 주문을, 나는 도저히 그녀에게 할 수 없었다. 내가 할 수 있는 최선은 내 아이의 몸이 그들을 질병에서 막아 주길 바라는 것뿐이라고, 나는 마음을 정했다. 만일 백신 접종이 전쟁 행위에 징발될 수 있다면, 그것은 여전히 사랑의 역사(役事)에서도 도구로 쓰일 수 있을 것이다.

17. 백신 속 수은을 둘러싼 혼란

1956년 봄, 일본 미나마타에서 5세 여자아이가 걷기 어려워하고, 말하기 어려워하고, 경련을 일으키는 증상으로 입원했다. 이틀 뒤 아이의 여동생도 같은 증상으로 입원했고, 곧 다른 환자 8명이 더 들어왔다. 보건 당국은 수수께끼의 전염병을 조사하다가 고양이들이 경련을 일으키며 미치고, 까마귀들이 하늘에서 뚝 떨어지고, 물고기들이 만에 둥둥 떠오르는 걸 발견했다. 미나마타의 한 화학 공장이 메틸수은에 오염된 폐수를 만으로 투기하고 있었고, 그 메틸수은이 사람들이 먹는 어패류에 축적되고 있었다. 건강한 산모들이 신경 손상을 지닌 아기를 낳았고, 결국 수천 명이 수은 중독으로 고생할 것이었다.

2013년, 수은 사용을 금지하는 국제 협약에 미나마타의 이름이 붙었다. 협약은 2020년까지 수은 광산을 단계적으로 폐쇄할 것, 발전소에서 나오는 배기가스를 통제할 것, 수은이 포함된 많은 제품을(전지, 전등, 화장품, 살충제 등등) 더 이상 제조하지도 수출입하지도 말 것이라고 보장했다. 유엔 환경 프로그램UNEP 책임자는 그럼으로써 전 세계 사람들이 이득을 볼 거라고 말했다.

금지에서 면제된 품목 중 제일 눈에 띄는 것은 티메로살, 즉 일부 백신에 사용되는 에틸수은 보존제였다. 세계 보건 기구는 국제 보건을 위해서 티메로살을 금지에서 제외할 것을 권고했고, 미국 소아과학회AAP는 권고를 지지했다. 이 상황은, AAP의 두 회원이 지적했듯이, 1999년에 학회가 미국에서 사용되는 아동 백신에서 티메로살을 제거할 것을 요청했던 입장으로부터 〈크게 돌아선〉 것이었다. 이 때문에 미국이 자국민들의 백신에 수은이 든 것은 용납하지 않지만 딴 나라 사람들의 백신에 든 것은 괜찮다고 여긴다는 비난이 제기되었다. 미국이 제 나라의 위험한 폐기물을 딴 나라들로 떠넘기는 것 아니냐는 뜻이었는데, 이 말은 어떤 맥락에서는 참이었기 때문에 사실로 믿기 쉬웠다.

AAP의 1999년 성명은 티메로살의 안전성이 확인될 때까지 사용을 일시 중단할 것을 권유하는 내용이었으나, 사실 보존제에 대해서는 별달리 심각하게 걱정하지 않았다.

AAP가 말했듯이 티메로살은 1930년대부터 백신에 사용되었다. 티메로살이 위험하다는 증거는 거의 없었지만, 당시로서는 티메로살이 안전하다는 증거도 거의 없었다. 당시는 수은 노출에 대한 폭넓은 조사가 한창 진행되는 중이었고, AAP가 성명을 발표한 시점은 FDA가 아이들이 표준 백신 접종 일정표를 다 따를 경우 노출되는 에틸수은 총량이 메틸수은, 즉 미나마타에서 중독을 일으켰던 종류의 수은에 대한 연방 기준을 넘어설지도 모른다는 사실을 확인한 직후였다. 후속 연구를 통해서 에틸수은과 메틸수은은 〈크나큰 차이〉가 있다는 게 확인되었는데, 제일 중요한 점은 에틸수은에는 메틸수은이 일으키는 신경 독소 효과가 없다는 점이었다. 2012년 『소아과학』에 실린 기사는 AAP의 티메로살 성명 이후 13년 동안 수행된 연구를 돌아보며, 〈백신 속 티메로살이 인체에 위험하다는 신뢰할 만한 과학적 증거는 없다〉고 결론 내렸다.

현재 티메로살이 포함된 백신은 120개국에서 사용되며, 매년 140만 명의 목숨을 구하는 것으로 추정된다. 티메로살은 다회 용량 백신에 꼭 필요한 성분인데, 다회 용량 백신은 일회용 백신보다 생산, 보관, 운송 비용이 훨씬 적게 든다. 어떤 나라들은 일회용 백신보다 비용 효율적이고 쓰레기를 덜 낸다는 점 때문만이 아니라 냉장 보관할 필요가 없다는 점 때문에도 다회 용량 백신에 의지한다. 세상에는, 특히 가난한 나라들에는, 티메로살 금지가 사실상 디프테리아, 백일해, B형 간염, 파상풍 백신 접종 금지에 해당하는 장소들이 있다.

AAP의 전 회장은 만일 우리가 지금 아는 내용을 그때도 알았더라면 1999년의 티메로살 정책은 아예 작성되지 않았을 거라고 말했다. 어쩌면 그랬을 수도 있다. 하지만 AAP의 성명은 티메로살 관련 데이터가 부족했던 상황에 대한 반응만은 아니었고, 당시의 사회 분위기에 대한 반응이기도 했다. 당시 홍역-볼거리-풍진 백신과 자폐증의 연관성을 주장한 앤드루 웨이크필드의 1998년 연구가 연쇄적인 공포를 일으키고 있었고, 그것은 디프테리아-파상풍-백일해 백신이 뇌 손상을 일으킨다고 주장했던 1981년 연구가 일으킨 공포를 부채질하는 격이었다. 이후 영국, 덴마크, 미국에서 실시된 후속 연구가 그 결론을 반박했지만, 제아무리 새로운 발견도 이미 울리기 시작한 경보를 끄는 데는 역부족이었다. AAP의 성명은 백신에 대한 신뢰를 보전하려는 노력이었으나, 결국에는 미국의 불안을 다른 나라들로 수출하는 데 쓰일 것이었다.

범유행병이 발발해서 백신을 좀 더 신속하게 생산하고 배포하는 방안이 논의될 경우, 티메로살은 다른 나라들에서처럼 미국에서도 필수적인 성분이 될지 모른다. 현재 미국이 값비싼 일회용 백신을 쓰는 건 다른 많은 부자 나라가 그러는 것과 같은 이유에서다. 즉, 그냥 그럴 수 있기 때문이다. 미나마타 협약에서 티메로살을 제외하는 데 대해 가장 목소리를 높여 반대했던 단체 중 하나인 자폐증 활동 단체 세이프마인즈는, 그 면제가 돈 때문에 이뤄진 일이었다고 거듭 주장하고 있다. 실제 그렇기는 했다. 저소득 국가들이 감당할 수 있는 백신이 있어야 한다는 사실에 근거한 결정이라는 점에서 말이다. 『소아과학』에서 세계 보건 연구자들이 지적했듯이, 면제에 반대한 단체는 모두 세이프마인즈처럼 티메로살 사용 금지에도 백신 접종률이 영향받지 않을 고소득 국가의 비정부 단체들이었다. 부자 나라들은 세계의 나머지 나라들이 감당하지 못하는 두려움을 즐기는 사치를 누린다.

18. 자본주의와 백신

〈자본은 죽은 노동이다. 뱀파이어처럼 산 노동의 피를 빨아야만 살 수 있다. 더 오래 살수록, 더 많은 노동의 고혈을 빤다.〉 칼 마르크스는 이렇게 말했다. 뱀파이어는 고대 그리스에서 잠자는 사람들의 피를 빨았고, 중세 유럽에서 흑사병을 퍼뜨렸지만, 산업 혁명 이후 소설들에는 새로운 종류의 뱀파이어가 등장하기 시작했다. 그건 바로 이후 자본주의의 영원한 상징이 될, 잘 차려입은 신사였다. 2012년 미국 대통령 선거 운동 기간에 일각에서는 벤처 투자가 미트 롬니가 과연 산 사람이냐 언데드냐 하는 문제가 열띤 논쟁 주제였다. 그는 자주 뱀파이어에 비교되었다. 그는 예비 경선에서는 〈벌처 투자가〉로 변신했고,* 이후 버락 오바마

* 썩은 고기를 먹는 벌처, 즉 독수리의 습성에 빗대어 부실 기업을 헐값에 인수한 뒤 비싸게 되팔아 소득을 올리는 투자가를 비난하는 표현.

의 선거 운동 광고에서는 아예 어엿한 뱀파이어 투자가로 변신했다. 광고에서 한 철강 노동자는 롬니가 공동 창업한 회사인 베인 캐피털에 대해서 이렇게 말했다. 「그 회사는 뱀파이어 같았습니다. 몰래 다가와서 우리의 생기를 빨아 먹었어요.」

야심가 뱀파이어가 정직한 노동자들의 생기를 빨아먹는다는 생각은 얼마 전에 거의 모든 가정에서 가치가 빨려 나갔던 나라에서 쉽게 호응을 얻었다. 주택 위기는 갚을 능력이 없는 주택 보유자들에게 무차별로 돈을 빌려주었던 약탈적 대출로 인해 터진 사건이었고, 그 이면에는 그런 뱀파이어 행위가 있었다. 꾸러미로 묶여서 투자자들에게 팔려 나갔던 대출은 나중에 가치를 잃은 뒤에는 〈독성 (부실) 자산〉이라고 불렸다.

자본 자체가 유독할 수 있다는 깨달음은, 거의 필연적으로, 우리의 모든 행위를 오염시키는 자본주의에 대한 두려움으로 이어진다. 2009년 H1N1 인플루엔자 범유행병이 막을 내리고 그 독감이 처음에 보건 관료들이 우려했던 것만큼 사망률이 높지 않다는 사실이 분명해진 뒤, 유럽 평의회 보건 위원회 의장은 세계 보건 기구WHO가 제약 회사들과 작당하여 백신을 팔기 위한 〈가짜 범유행병〉을 지어냈다고 비난했다. WHO는 비난을 침착하게 받아들였다. 대변인은 〈비판은 발병 주기의 한 부분입니다〉라고 말했다. 그리고 24개국 출신의 독립적인 인플루엔자 전문가 25명을 초빙하여, 범유행병 기간 중 자기 기관의 활동을 평가해 달라고 위탁했다.

나는 그 전문가들이 작성한 보고서를 읽다가, 범유행병이 발발하면 언제 호출될지 모르는 WHO 노동자들을 위해서 보육 대책을 제공할 자금을 마련해 두어야 한다는 제안 앞에 한참 머물렀다. 그것은 여담이었고, 사소한 운영상 제안이었지만, 내가 그 대목에서 멈춘 건 질병 통제 노력의 이면에도 일상을 살아가는 사람들이 있다는 사실을 새삼 환기한 탓이었다. 우리는 〈WHO〉 같은 이름으로 불리는 조직이 실제로는 나처럼 아이가 있고 아이 맡길 데를 걱정하는 개인들로 구성되었다는 사실을 쉽게 잊는다.

독립된 전문가들은 상업적 이해가 WHO에게 영향을 미쳤거나 미치려고 시도했다는 증거를 발견하지 못했고, WHO가 범유행병을 부당하게 과장했다는 증거도 발견하지 못했다. 보고서에 따르면, WHO가 취했던 일부 예방 조치가 사후에 판단할 때 범유행병의 실제 위협보다 지나치게 거창했던 것처럼 보인 한 이유는, WHO가 원래 아주 치명적인 조류 인플루엔자 H5N1 균주의 발발 가능성에 대비하고 있었는데 초기 보고서에서 H1N1의 치사율도 그만큼 높을지 모른다는 의견이 제기된 탓이었다. 위원회 의장은 보고서 서문에서 〈인플루엔자 바이러스는 예측이 어려운 것으로 악명 높다〉고 지적하며, 이번엔 우리가 〈운이 좋았던〉 것이라고 덧붙였다. 보고서의 결론은 다음과 같았다. 〈우리 위원회가 볼 때, WHO의 활동에 은밀한 상업적 영향이 미쳤을 것이라고 추측한 일부 비판자들의 생각은 질병을 예방하고 생명을 살려야 한다는 공중 보건의 핵심 강령이 얼마나 강력한 힘인지를 무시한 것이었다.〉

삶의 본질적 가치에 바탕을 둔 강령임에도 불구하고 그것이 자본주의와 겨룰 만큼 강력한 힘임을 상상하기 어려웠다는 것, 그 점이야말로 자본주의가 우리의 상상력을 제약하는 데 얼마나 성공적인지를 잘 보여 준다. 〈면역계를 점거하라.〉 내가 백신에 관한 글을 쓴다는 걸 듣고 한 친구가 이렇게 농담했는데, 나는 그 말이 농담이라는 걸 즉시 알아차리지 못해서 웹에서 〈면역계를 점거하라〉는 이름의 단체를 검색해 보느라 시간을 들였다. 그런 단체가 있을 가능성도 충분히 있을 것 같았다. 당시 〈점거하라Occupy〉 운동은 〈우리는 99퍼센트다〉라는 선언을 월스트리트에서 시카고로, 샌프란시스코로 퍼뜨리면서 자본주의에 대한 지구적 저항 운동으로 빠르게 발전하고 있었다.

면역은 공공의 공간이다. 그리고 면역을 지니지 않기로

결정한 사람들이 그 공간을 점거할 수 있다. 내가 아는 어떤 어머니들에게는 백신 거부가 자본주의에 대한 좀 더 폭넓은 저항의 일환이다. 그러나 시민 불복종의 한 형태로서 면역을 거부하는 건, 〈점거하라〉 운동이 교란시키려고 애쓰는 그 구조, 1퍼센트의 특권층이 나머지 99퍼센트로부터 자원을 얻어 내면서 위험으로부터는 보호받는 구조와 심란하리만치 닮았다.

마르크스의 『자본론』 3권이자 마지막 권이 출간된 직후에 나왔던 『드라큘라』는 마르스크주의적으로 해석될 소지가 다분하다. 문예 비평가 프랑코 모레티는 〈드라큘라는 자본처럼 지속적 성장을, 제 영역의 무한한 확장을 추구하게끔 되어 있는 존재다. 축적은 그의 본질적 속성이다〉라고 말했다. 모레티는 드라큘라가 무서운 존재인 까닭은 그가 피를 좋아하거나 즐겨서가 아니라 그에게 피가 필요해서라고 말한다.

『드라큘라』가 암시하듯이, 자본을 향한 추동은 본질적으로 몰인정하다. 우리가 산업의 무한한 확장에 위협을 느끼는 건 정당한 일이고, 우리의 이해가 기업의 이해보다 뒷전이라고 걱정하는 것도 정당한 일이다. 하지만 백신 접종 거부는 엄밀히 따져서 자본주의의 전형이라고는 할 수 없는 체계를 훼손하는 일이다. 이 체계에서는 온 인구가 부담과 이득을 함께 진다. 백신 접종은 자본주의의 산물을 자본의 압박에 대항하는 목적으로 사용하게끔 해주는 일이다.[36]

수전 손택은 우리가 암과의 전쟁뿐 아니라 빈곤과 마약과의 전쟁까지 치르고 있다는 사실에 대해서 이렇게 말했다. 〈자본주의 사회, 즉 윤리적 원칙을 향한 호소가 제 힘을 발휘하고 일종의 명예가 되는 것을 끊임없이 제약하는 사회, 자신의 행동을 이기심과 수익성에 맞추지 않는 것이 어리석은 짓이라고 생각되는 이 사회에서는 군사적인 은유들이 남용될 수밖에 없는 듯하다.〉 그런 사회에서, 공중의 건강을 보호하는 예방 조치들에게는 치밀한 정당화가 요구된다. 손택은 우리가 실용성과 경비를 고려하지 않아도 되는 몇 안 되는 활동 중 하나가 전쟁이라고 말한다. 따라서 질병에 대한 은유적 전쟁을 선언하는 건, 우리 중 가장 취약한 자들을 보호하는 일의 불가피한 비실용성을 정당화하는 한 방법이다.

아들이 세 살일 때, 질병 통제 예방 센터CDC는 아들이 갓난아이였던 2009년에 출현한 H1N1으로 인해 전 세계에서 발생한 사망자 추정치를 발표했다. 총 사망자가 150,000명에서 575,000명 사이였다는 CDC의 계산에 따르면, H1N1의 심각성은 전형적인 계절성 인플루엔자에 맞먹는 정도였다. 하지만 이 독감은 젊은 사람을 유달리 많이 죽였다. 미국에서 H1N1으로 인한 아동 사망자는 전형적인 독감 철 아동 사망자의 10배였다. 그 범유행병은 전 세계를 통틀어 대략 970만 년의 잠재 수명을 앗아 갔다.

「돈이 어디로 흘러가는지 보면 알지.」 한 친구는 백신 접종이 정부와 의학계에 무제한의 영향력을 행사하는 제약 회사들의 이익 추구 책략이라는 가설을 옹호하면서 이렇게 말했다. 그녀와 대화하노라니, 이브 세지윅이 쓴 편집증에 관한 글이 떠올랐다. 그 글에서 세지윅은 에이즈가 범유행병이 되었던 첫 십 년 중에 친구 신디 패튼과 나눴던 대화를 회상했다. 세지윅이 패튼에게 HIV 바이러스가 미국군이 꾸민 음모의 일환이라는 소문을 어떻게 생각하느냐고 묻자, 패튼은 별 흥미를 느끼지 못한다고 대답했다. 「그러니까 우리가 음모론의 모든 요소를 철저히 확신한다고 가정해 보자고요. 미국이 아프리카 사람들과 아프리카계 미국인들의 목숨을 무가치하게 여기는 게 사실이고, 게이 남성들과 마약 사용자들을 적극적으로 혐오하거나 그게 아니라도 멸시하는 게 사실이고, 군대가 비전투원들까지 적으로 간주하고서 그들을 죽일 방법을 의도적으로 연구하는 게 사실이라고요. ……그런 일이 모두 사실이라고 철저히 확신한다면, 우리가 이미 아는 것 외에 달리 뭘 더 알

148

수 있겠어요?」

한 나이지리아 이발사는 백신이 무슬림을 해치려는 서구의 음모라는 가설에 대해 〈백인들이 진짜로 우리를 죽이고 싶다면, 더 쉬운 방법이 많이 있어요. 코카콜라에 독을 타도 되고……〉라고 말했다. 나도 이 말에 동의하는 편이다. 그리고 나는 설령 독이 안 들었더라도 코카콜라가 백신 접종보다 아이들에게 더 해로울 거라고 짐작한다.

세지윅은 우리에게 적이 있다고 해서 우리가 꼭 편집증적으로 생각할 필요는 없다고 말했다. 냉소주의는 타당한 것일지도 모르겠지만, 어쨌든 슬픈 것이다. 전 세계의 연구자들, 보건 관료들, 의사들로 이루어진 방대한 네트워크가 돈 때문에 아이들에게 부러 해를 끼칠 수 있다는 발상이 아주 그럴싸하다고 보는 사람이 많다는 건, 자본주의가 우리에게서 실제로 무엇을 빼앗는지를 보여 주는 증거다. 자본주의는 이미 남들을 위해서 부를 생산하는 노동자들을 가난하게 만들었다. 자본주의는 또 시장성 없는 예술의 가치를 박탈함으로써 문화적으로 우리를 가난하게 만들었다. 하지만 우리가 자본주의의 압박을 인간에게 동기를 부여하는 본질적 법칙으로 받아들이기 시작할 때, 모든 사람은 다 소유된 상태라고 믿기 시작할 때, 그때야말로 우리는 진정 가난해질 것이다.

19. 가부장주의 vs 소비자 중심주의

어릴 때 내가 목이 아프다고 하소연하면, 아버지는 늘 자기 손가락으로 내 턱 밑을 지그시 눌러서 부은 림프절을 확인했다. 「괜찮을 것 같구나.」 검진을 마치고는 늘 그렇게 말씀하셨다. 내가 대학에서 아버지가 〈아마도 인플루엔자〉일 거라고 판단한 것 때문에 끔찍하게 아파서 전화했을 때도, 아버지의 결론은 같았다. 나는 내가 뭘 하면 좋겠느냐고 물었고, 아버지는 실망스럽게도 물을 많이 마시라고 대답했다. 그리고는 아버지의 할머니가 고약한 감기에 내렸던 처방, 즉 버터 바른 토스트를 따뜻한 우유에 적셔서 먹는 방법을 권했다. 아버지는 우유에 버터가 동동 뜨는 모습을 묘사하며, 할머니의 보살핌이 얼마나 위안이 되었는지를 말했다. 내가 알고 싶은 건 어떤 약을 먹으면 좋은가였지만, 내게 필요한 건 위안이라는 게 아버지의 진단이었다. 어른이 된 지금도, 의사가 손을 뻗어 내 턱 밑에 대고 부은 림프절을 확인할 때면 매번 살짝 놀란다. 나는 그 몸짓의 다정함을 아버지의 보살핌과 연결 지어 생각한다.

가부장주의는 이제 의학에서 인기가 떨어졌다. 절대적 권위에 의존하는 아버지 노릇이 오늘날 더 이상 지배적인 양육 방식이 되지 못하는 것처럼 말이다. 그러나 우리가 타인을 어떻게 보살펴야 하는가 하는 문제는 여전히 숙제로 남아 있다. 철학자 마이클 메리는 아동 비만을 통제하려는 각종 노력에 대해서 논하던 중, 가부장주의를 〈좋은 영향을 끼치거나 피해를 예방하려는 목적으로 타인의 자유에 간섭하는 일〉로 정의했다. 그는 이런 종류의 가부장주의가 교통 법규, 총기 통제, 환경 규제에 반영되어 있다고 말했다. 이런 규제들은 비록 선의에서 나온 것일망정 어쨌든 자유에 대한 제약이다. 메리는 비만 아동에 대한 부모의 양육 방식에 타인이 개입하는 건 꼭 선의라고만은 할 수 없다고 지적했다. 위험 평가에는 위험이 따른다. 자칫하면 안 그래도 체형 때문에 낙인이 찍힌 아이가 더욱더 놀림감이 될 수도 있다. 비만 〈위험이 높다〉고 판단된 가족은 차별적 감독을 당할 위험이 있다. 위험 예방이 곧잘 힘의 강압적 사용을 정당화한다는 게 메리의 지적이다.

자율은 흔히 가부장주의의 대안으로 여겨진다. 이른바

의학의 〈레스토랑 모형〉이라고도 불리는 방식을 좇아, 의사들의 가부장주의는 그동안 환자들의 소비자 중심주의로 교체되어 왔다. 우리는 소비자 수요 조사에 근거를 두고 작성된 메뉴를 들여다보면서 그중에서 검사와 치료법을 주문한다. 가부장주의 모형에서 아버지에 해당했던 의사는 여기에서는 웨이터다. 손님이 왕이라는 생각은, 의학에 도입될 경우 위험천만한 금언이 된다. 생명 윤리학자 아서 캐플런은 이렇게 경고했다. 〈사람들에게 의료는 시장일 뿐이고 그들은 의뢰인일 뿐이며 그들이 고객으로서 만족하기 위해서는 반드시 환자의 자율성을 제공받아야 한다고 계속 말해 준다면, 의료의 전문성은 소비자의 요구 앞에 붕괴하고 말 것이다.〉 의사들은 환자들이 원하는 것을 주려는 유혹을 느낄 것이다. 그것이 설령 환자들에게 나쁘더라도.

의사 존 리는 이렇게 물었다. 《가부장주의》라는 용어가 어쩌다 이렇게 의료계에서 혹평받게 되었을까? 다들 아빠와의 관계가 그렇게 나빴나? 그래서 딱히 이유를 설명할 필요도 없다고 느끼는 걸까?〉 리는 자신이 가부장적임을 인정하지만, 〈좋은 방식으로〉 그렇다고 말한다. 그런데, 좋든 나쁘든, 가부장주의로의 회귀만이 소비자 중심주의의 대안은 아니다. 메리의 가부장주의 비판에 대한 응답으로,

교육자 바버라 피터슨은 아동 비만 문제를 모성주의 관점에서 생각할 수도 있다고 제안했다.[37] 그녀는 돌봄이 반드시 자유를 위협하는 건 아니라고 말한다. 〈페미니스트적 관점, 돌보는 관점에서는 자유가 부모로부터의 완벽한 분리와 독립으로 정의되지 않는다.〉 만일 아버지 노릇이 여전히 우리에게 억압적 통제를 연상시킨다면, 어머니 노릇은 힘만이 아니라 돌봄에 바탕을 둔 관계를 상상하도록 도울 수 있을지도 모른다.

「의료 서비스를 받을 거라면, 사람을 믿어야 해.」아들의 소아과 주치의가 권유한 수술에 대해서 조언을 구하자, 아버지는 이렇게 대답했다. 아버지는 자신의 의견을 흔쾌히 알려 주었지만, 뒤이어 얼른 자신은 소아과 전문의가 아니란 사실을 상기시켰다. 아버지는 내가 기꺼이 믿는 유일한 의사가 되고 싶진 않다고 말씀하셨다.

내가 맨 먼저 문의하는 의사는 보통 아버지다. 어느 날 새벽같이 잠에서 깬 아들의 얼굴이 알레르기 반응으로 하도 부어서 눈 흰자위가 홍채 위로 튀어나올 지경인 것을 보고, 나는 아버지에게 전화를 걸었다. 당장 응급실로 갈까요, 아니면 병원이 열 때까지 두어 시간 더 기다려도 될까요? 아버지는 기다려도 된다며, 부기는 위험하지 않다고 안심시켰다. 「그냥 액체일 뿐이야.」 요즘 나는 아이의 눈이 부을 때마다 머릿속으로 〈그냥 액체일 뿐이야〉라는 말을 되뇐다.

아들은 알레르기가 비정상적으로 심하다. 더군다나 비정상적으로 어린 나이부터 드러냈다. 아이가 통계적 변칙에 해당하기 때문에, 아이의 주치의는 아이를 〈이상치outlier〉라고 부른다. 아이가 세 살이 된 무렵, 알레르기 때문에 코 안이 부었다. 부기 때문에 코곁굴이 감염되어 통증이 심했다. 여러 차례 항생제로 치료했지만, 매번 도로 감염되었다. 항생제를 세 번째 처방한 뒤, 의사는 너무 부어서 코안을 완전히 막아 버린 인두 편도를 수술로 제거하면 어떻겠느냐고 권했다.

내게는 수술이 지나친 처방으로 느껴졌고, 아이의 림프계 일부를 몸에서 잘라 내는 게 달갑지 않았다. 시술에 대해서 조사해 본 나는 1900년대 초에 그 시술이 온갖 아동기 질환의 만능 통치약처럼 널리 실시되었다는 사실을 알고 심란해졌다. 아버지는 내 걱정에 공감했다. 아버지 자신도 편도선이 없는데, 예전에 여기저기 순회하며 진료하던 의사가 아버지네 집에 왔을 때 그 집안 네 아이의 편도선을 몽땅 잘라 냈다고 했다. 당시에는 그것이 류머티즘열을 예방하는 표준 조치로 쓰였지만, 수술의 위험이 이득을 능가

한다는 사실이 연구를 통해서 밝혀진 뒤에 중단되었다. 아버지는 내게 과잉 치료를 경계하는 건 원칙적으로 현명한 일이라고 말했다. 하지만 아들의 경우, 만일 수술의 대안이 항생제나 다른 약물을 지속적으로 사용해야 하는 것이라면 수술이 더 보수적인 선택일 수도 있다고 덧붙였다.

나는 결정을 6개월 넘게 미루며, 그동안 시도해 볼 수 있는 방법을 죄다 시도해 보았다. 한 친구가 비싼 공기 청정기를 권하기에, 그걸 구입했다. 알레르기 전문의는 마루를 깨끗하게 유지하라고 조언했는데, 미세한 알레르기 항원이 공기 중에서 끊임없이 순환하며 마루에 내려앉는다는 사실을 고려할 때 그것은 시시포스적 과업이었다. 아무튼 나는 보이지 않는 먼지를 늘 닦아 냈고, 아들의 이불과 베갯잇을 매일 갈았다. 아들의 항의에 아랑곳하지 않고 매일 밤 소금물로 아이의 코곁굴을 헹궜다. 처방받은 코 스프레이를 뿌려 주었다. 생꿀과 쐐기풀 차를 먹였다. 그러자, 안 그래도 씨근거리던 아이의 호흡이 밤마다 불규칙해졌다. 나는 침대 옆에서 쭈그린 채 아이의 호흡이 멎을 때마다 따라서 숨을 참았다. 아이가 얼마나 오랫동안 숨을 못 쉬는지 가늠하기 위해서였다. 유달리 길게 숨이 멎은 뒤, 아이가 헐떡거리고 기침을 하면서 잠에서 깼다. 나는 수술 일정을 잡았다.

수술 당일, 의사는 내게 극적이거나 즉각적인 결과를 기대하진 말라고 재차 일렀다. 그녀는 이전에도 그렇게 말했었고, 아들이 수술 뒤에도 계속 감염될 수 있다는 경고도 주었었다. 내가 무엇보다 바라는 건 수술이 기적을 행해 주는 게 아니라 그냥 아무런 해를 끼치지 않는 거였다. 의사는 쉽고 흔한 수술이라는 말로 나를 안심시켰다. 마취가 제일 위험한 부분이라고 했다.

장난감 청진기와 장난감 주사기가 가득한 방에서 기다리고 있으니, 마취 전문의가 와서 질문이 있느냐고 물었다. 나는 그에게 아들이 마취에 들어가는 동안과 의식을 되찾는 동안 곁에 있고 싶다고 말했다. 의사는 내 제안에 흠칫했다. 그러고는 어머니의 초조해하는 몸짓과 표정이 아이로 하여금 수술을 두려워하게 만들고 마취에 저항하게끔 만든다는 연구 결과가 있다고 말했다. 나는 그 결과는 두가지 방식으로 해석할 수 있을 것 같다고 말했다. 하나는 어머니가 곁에 있는 게 아이에게 좋지 않다는 결론이고, 다른 하나는 아이의 안정에는 어머니의 확신이 필요하다는 결론이다. 대기실 저편에서 남편과 아이가 서로 장난감 반창고를 붙여 주며 노는 동안, 나와 의사는 조용한 목소리로 언쟁했다. 내가 히스테리를 부리고 있으며 그게 아이에게 해가 될 거라고 암시하는 의사의 말에 어찌나 화가

났던지, 그 말 때문에 내가 정말로 히스테리를 부렸을지도 모른다. 우리는 마침내 합의했다. 아이가 내 얼굴을 볼 수 없는 방향으로 앉아 있겠다고 약속한다면 아이가 마취에 드는 동안 곁에서 손을 잡고 있어도 좋다고 했다.

수술실에서, 나는 마취제가 효력을 발휘할 때까지 아들의 시야로부터 벗어난 곳에서 계속 아이에게 말을 걸었다. 아이의 얼굴과 몸에서 근육의 긴장이 빠져나가는 걸 지켜보는 건 심란한 일이었다. 꼭 죽음의 리허설을 보는 것 같았다. 나는 아이가 의식을 잃자마자 대기실로 나가려고 했지만, 마취 의사가 나를 불러 세우며 물었다. 「키스는 안 해주고 싶습니까?」 그는 역겹게도 그렇게 말했다.

대기실 천장에는 웃는 얼굴이 그려진 풍선이 조용히 까딱거리고 있었다. 병원의 아동 생활 전문가*가 아이에게 준 돼지 봉제 인형에 묶여 있던 걸 남편이 푼 뒤로 계속 우리를 따라다닌 풍선이었는데, 그 아동 생활 전문가는 돼지가 수술실에 따라 들어갈 수 있을 거라고 장담했다. 의사들도 그 제안을 아주 기꺼워하는 듯했다. 엄숙한 외과 의사마저도. 그들은 돼지가 아들에게 크나큰 위안이 될 거라고 확신하는 듯했다.

---

* 병원을 찾은 아이와 그 가족이 병원 생활에 잘 대처하도록 심리적 측면을 비롯하여 전체적으로 돕는 보건 전문가.

나를 벌주려고 일부러 그랬는지 아니면 그냥 실수였거나 원래 그러는 건지는 몰라도, 아이는 내가 회복실로 불려 가기도 전에 마취에서 깼다. 〈엄마! 엄마 어딨어요?〉라고 울부짖는 소리가 복도 밖까지 들렸다. 나는 수술을 받았던 경험을 통해서, 마취가 효과를 발휘하기 시작하는 순간과 효과를 잃는 순간이 꼭 같은 순간처럼 느껴진다는 걸 알았다. 아이에게는 내가 홀연 사라진 것이나 마찬가지였다. 내가 달려갔을 때 아이는 혼란스럽고 무서워서 몸부림치며 팔에 꽂힌 주사를 뽑아내려고 했다. 나는 이동식 침대에 올라 앉아 아이를 붙들고 머리카락을 쓰다듬으며 아이의 손을 주사기에서 치웠다. 아이는 내내 울부짖었다. 「아무것도 기억하지 못할 겁니다.」 마취 의사가 초조한 기색으로 내게 장담했다. 나는 아이를 진정시키느라 바쁜 와중에도 고개를 들어 그에게 똑똑히 말했다. 「내가 기억할 거예요.」

아버지는 이제 『드라큘라』를 또 다른 버전으로 각색할 때가 되었다고 말씀하신다. 이번에는 뱀파이어가 의학의 은유가 되는 버전이다. 왜냐하면 〈의학이 갖가지 방식으로 사람들의 피를 빨기 때문〉이라고 했다. 이 수술에는 아이가 태어날 때 들었던 출산 비용보다도 제법 더 많은 비용이 들었으므로, 다른 많은 가족에게는 이 수술이 애초에 불가능한 선택지였을 것이다. 나는 수술 직후에야 이 사실을 깨우쳤다. 수술 후 며칠에 걸쳐서, 아이의 호흡은 차츰 편안해지고 조용해졌다. 아이는 더 잘 잤고, 살이 붙었고, 코곁굴 감염도 겪지 않았다. 이제 나는 수술을 미뤘던 걸 후회하지만, 남편은 그렇지 않다. 남편은 우리가 회의적인 태도를 취했던 건 책임감 있는 행동이었다고 말한다.

의사인데도 그렇다고 말해야 할지 의사라서 그렇다고 말해야 할지 모르겠지만, 아버지는 의학에 상당히 회의적인 편이다. 한번은 딱 두 문장짜리 교과서를 써서 의사들에게 보여 주고 싶다고 농담하셨다. 〈대부분의 문제는 가만 놔두면 낫는다. 가만 놔둬서 낫지 않는 문제는 의사들이 무슨 수를 쓰든지 환자를 죽일 가능성이 높다.〉 이것은 예방 의학에 관한 논증이라기보다는 차라리 패배의 한숨이다.

나는 아들의 수술에 여전히 감사한다. 그러나 마취 의사에게는 여전히 화가 나고, 신뢰하지 않는 사람에게 아이를 맡겼던 나 자신도 여전히 실망스럽다. 철학자 마크 새고프는 이렇게 말했다. 〈신뢰가 있다면, 가부장주의는 불필요하다. 신뢰가 없다면, 가부장주의는 비양심적이다.〉 우리는 이러지도 저러지도 못 하는 처지에 놓여 있다.

20. 개인 제대혈 은행과 백신 중도주의

임신했을 때 산파의 대기실에서 훑어본 잡지들에는 발달하는 태아를 찍은 초음파 영상을 사용해서 좀 징그러워 보이는 작은 조각상을 만들어 준다는 광고가 실려 있었다. 그 못지않게 어리둥절한 서비스로, 개인 제대혈 은행을 선전하는 광고도 실려 있었다. 산파는 이미 내게 아이의 제대혈을 공공 은행에 기증할 수 있다고 알려 주었는데, 그러면 가령 백혈병이나 림프종 같은 질병에 걸린 사람들에게 이식될 거라고 했다. 반면 잡지에 선전된 개인 은행은 일정 요금으로 아이의 제대혈을 보관했다가 그것을 필요한 사람 아무에게나 주는 게 아니라 내 아이나 가까운 친척에게만 준다는 서비스였다. 나중에 알아보니, 그것은 미래의 지식에 의지하는 예금이었다. 자신의 제대혈을 훗날 유용하게 쓸 수 있는 방법은 아직 현실적으로는 상당히 제

한되어 있고 이론적으로만 유망한 일이기 때문이다.[38]

공공 자금을 사적 예금으로 바꾸는 현상, 이미 알려진 편익을 위해서 기부할 수 있는 무언가를 아직 알려지지 않은 미래의 편익을 위해서 비축해 두는 현상에 흥미가 생겨서, 나는 출산 직후에 본 임산부 잡지에서 개인 제대혈 은행 광고를 찢어 두었다. 광고에는 잠든 아기 사진이 크게 실려 있었고, 그 옆에 〈시어스 선생님에게 물어보세요〉라는 제목의 상담 칼럼이 실려 있었다. 상담 질문은 〈아이의 제대혈을 은행에 맡겨야 할까요?〉였다. 전문가라는 로버트 시어스의 답변은, 그 칼럼이 사실 광고의 일부이고 시어스가 그 광고를 실은 제대혈 은행의 자문이라는 사실을 감안할 때, 예상하기 어렵지 않았다. 시어스는 〈새로운 치료법들이 개발되고 있으므로, 제대혈을 갖고 있으면 귀하게 쓸 수 있을 겁니다〉라고 말했다. 광고 아래쪽에는 깨알 같은 글씨로 그의 애매한 말이 무슨 뜻인지가 더 명확하게 나와 있었다. 〈현재 실험실과 임상에서 연구되는 치료법들이 미래에 반드시 사용될 것이라는 보장은 없습니다.〉

광고를 찢어 두었던 때, 나는 아직 시어스의 베스트셀러 『우리집 백신 백과』를 읽기 전이었다. 하지만 나는 시어스 브랜드를 알았고, 시어스가 보증했다는 딱지가 붙은 아기 제품을 많이 봤고, 스스로 부르는 표현에 따르면 〈밥 선생님〉인 로버트 시어스가 인기 많은 육아 상담자이자 아마 미국에서 제일 유명한 소아과 의사일 윌리엄 시어스의 아들이란 걸 알았다. 나중에는 『우리집 백신 백과』가 널리 인기를 끄는 이유가 주로 백신 접종과 미접종 사이의 타협안을 제시하는 데 있다는 것도 알게 되었다. 시어스는 백신과 감염성 질병을 둘 다 걱정하는 부모들에게 두 가지 분명한 행동 전략을 제공했다. 하나는 〈밥 선생님의 선택적 백신 접종 일정표〉로, 밥 선생님이 제일 중요하다고 보는 백신들만 맞히고 B형 간염, 소아마비, 홍역, 볼거리, 풍진 백신은 안 맞히는 방법이다. 다른 하나는 〈밥 선생님의 완전한 대안 백신 접종 일정표〉로, 아이가 보통 생후 2년 안에 맞는 백신들을 다 맞히되 그걸 8년에 걸쳐서 맞히는 방법이다.

밥 선생님은 대안 일정표에 대해서 〈질병 예방과 안전한 백신 접종이라는 두 세계의 장점만 취하는 방법〉이라고 말했다.[39] 그러나 그 일정표는 특히 아주 어린 아이들을 보호하는 게 목적인 백신들 중 일부를 뒤로 미루기 때문에, 최선의 질병 예방을 제공하기 어려울 것이다. 또한 백신 접종의 간격을 벌리고 미루는 게 부작용을 줄인다는 가설에 대해서는 밥 선생님 개인의 추측 외에 다른 믿을 만한 증거가 없다는 점에서, 최선의 안전을 제공하기도 어려울 것이다.[40] 대안 일정표는 낙관적으로 평가해서 두 세계의 대부분을 취하는 방법이다. 그 일정표를 따르는 부모는 백신 접종의 잠재적 부작용은 모두 감수하면서 질병 예방의 이점은 대부분 — 그 보호가 결정적으로 중요한 연령에는 아니지만 — 취하게 된다.

밥 선생님의 대안 일정표를 따르는 데 드는 가외의 시간과 수고는 아이가 아주 어릴 때 감염성 질병에 걸릴 위험이 과소평가되고 아주 어릴 때 백신을 맞는 위험이 과장되지 않는 한 정당화되기 어렵다. 『우리집 백신 백과』의 내용은 대부분 그런 과소평가와 과장에 할애되어 있다. 밥 선생님에 따르면 파상풍은 영아는 걸리지 않는 병이고,[41] 헤모필루스 인플루엔자는 드문 병이며,[42] 홍역은 그다지 고약하지 않은 병이다.[43] 그는 파상풍이 전 세계 개발 도상국에서 매년 수십만 명의 아기를 죽인다는 사실, 대부분의 아이들은 생후 2년 안에 헤모필루스 균을 접한다는 사실, 홍역이 역사상 다른 어떤 질병보다도 많은 아이를 죽였다는 사실을 언급하지 않는다.

백신 접종의 중도라는 개념은, 비록 의미가 애매할지언정 매력적이다. 전문가들이 서로 복잡한 이해 관계를 비난하면서 상충하는 주장을 내놓는 세태 때문에, 부모들은 밥 선생님이 자기 책 서문에서 약속한 것과 같은 불편부당한 권위를 갈망하게 되었다. 그러나 『우리집 백신 백과』는 사실 공정하지도 명료하지도 않다. 밥 선생님은 〈백신은 자폐를 일으키지 않는다〉고 말해 놓고서는 〈예외적으로 일으키는 경우를 제외하고는 말이다〉라고 덧붙인다. 백신과 특정 부작용들의 인과 관계를 지지하는 증거가 부족하다는 사실을 설명한 뒤, 그 결론으로 〈나는 이 문제의 진실이 인과 관계와 우연한 일치의 중간쯤에 있다고 본다〉고 말한다.

백신이 어떤 효과를 일으키는 건 아니지만 그렇다고 해서 부작용이 단순한 우연의 일치도 아니라는 말이 대체 무슨 뜻인지는 모르겠다. 백신과 연관된 간접적 부작용은 무수히 많다. 가령 홍역-볼거리-풍진 백신은 고열을 일으킬 수 있고, 고열은 열성 발작에 취약한 아기에게 발작을 일으킬 수 있다. 이때 발작을 일으키는 것은 백신이 아니라 열이지만, ── 그리고 그 아기는 자연 감염으로 인한 고열에도 똑같이 발작을 일으킬 가능성이 높지만 ── 밥 선생님을 비롯하여 백신 부작용을 논하는 대부분의 사람들은 구태여 그걸 구분하지 않는다. 간접적 인과 관계를 그냥 인과 관계로 간주해 버린다. 내가 밥 선생님의 중도가 허구가 아닐까 의심하게 되는 건 바로 이렇게 인과 관계와 우연한 일치의 중간쯤이라고 주장하는 대목에서부터다.

밥 선생님이 중도를 지키는 또 다른 방법은 백신 접종을 둘러싼 대화의 기준을 재조정함으로써 자신보다 좀 더 조심스러운 입장은 극단적인 입장으로 보이게끔 만드는 것이다. 그는 아이에게 백신을 맞히지 않은 가족을 진료하기를 거부하는 소아과 의사들에 대해서 〈왜 그런 강경한 태도를 취하는지 알 수가 없다〉고 말한다. 아마 밥 선생님도 알겠지만, 일부 소아과 의사들이 미접종 아이를 진료하지 않는 건 그런 아이가 아직 너무 어려서 특정 질병에 대한 백신을 맞지 못한 대기실의 다른 아기들에게 질병을 옮길 수 있기 때문이다. 실제로 2008년에 미접종 상태로 스위스로 여행을 떠났다가 홍역에 걸려 돌아와서 다른 아이 11명을 감염시켰던 아이는 밥 선생님의 환자였다. 그 아이가 백신을 맞지 않은 건 밥 선생님의 처방에 따른 일이었지만, 그 아이가 너무 어려서 아직 백신을 맞지 못한 아기 셋에게 홍역을 퍼뜨린 건 밥 선생님의 대기실이 아니었다.

그는 그 사건에 대해서 〈홍역 환자를 병원에 들인 의사는 내가 아니었다〉며 〈나는 그 일과 아무 관계가 없다〉고 말했다. 그러나 계속 해명을 요구받자 이렇게 덧붙였다. 〈내가 그동안 그 가족의 소아과 주치의이긴 했지만, 내 병원이 그들이 사는 곳과 멀기 때문에 이 문제에 관해서는 그들이 자기 동네의 다른 소아과 의사를 찾아갔다.〉 밥 선생님의 세계에서는 다른 의사의 대기실은 자신이 알 바 아니고 공중 보건은 개인 건강과 완벽하게 무관한 모양이다. 그는 B형 간염 백신에 대해서 〈이 백신은 공중 보건의 관점에서는 중요하지만 개인의 관점에서는 그다지 중요하지 않다〉고 말했다. 이 말이 말이 되려면, 우리는 개인이 공중의 일부가 아니라고 믿어야만 한다.

밥 선생님은 공중의 건강은 우리의 건강이 아니라고 말하는 셈이다. 그는 소아마비 백신에 대해서는 이렇게 말했다. 〈이 백신을 쓰는 목적은 아이 개개인을 소아마비로부터 보호하려는 건 아니라고 말해도 무방할 것이다. 그보다는 소아마비가 집단 발병할 경우에 대비하여 나라 전체를 보호하려는 것이다.〉 그런 그도 〈만일 우리가 이 백신을 그만 쓴다면, 소아마비가 돌아올 가능성이 있다. 쉰 살이 넘은 사람이라면 누구나 그 병이 얼마나 무서운지 알 것이다〉라고 인정했다. 그러나 사실 그 자신은 소아마비를 기억하기에는 어린 나이다. 그는 디프테리아나 파상풍에 걸린 아이를 치료해 본 경험도 없다. 그는 〈언젠가는 우리가 어떤 부작용이 정말 백신과 연관된 부작용인지를 확실히 알 방법이 있기를 바란다〉고 말한다. 기약 없는 과학적 발견의 전망을 끌어들여 도박을 신중한 투자처럼 보이게끔 꾸민다는 점에서, 그 역시 미래의 지식에 의지하여 예금하는 셈이다.

21. 지나치게 많고 지나치게 이르다?

할아버지는 열 살에 아버지를 결핵으로 잃었다. 외가 쪽으로는 외할머니도 외할아버지도 형제자매를 감염성 질병으로 잃었다. 한 가족은 홍역으로 아기를 잃고 패혈증으로 십 대 아이를 잃었으며, 다른 쪽 가족은 백일해로 아기를 잃고 파상풍으로 십 대 아이를 잃었다. 내 아버지가 아이였을 때, 그 형제가 류머티즘열에 걸려서 6개월이나 자리보전을 했다. 그는 목숨은 건졌지만 심장이 영구적으로 손상되었고, 결국 어려서 심장 이상으로 죽었다.

아버지는 어릴 때 다섯 가지 질병에 대해서 백신을 맞았다. 나는 일곱 가지 질병에 대해서 맞았고, 아들은 열네 가지 질병에 대해서 백신을 맞았다. 어떤 사람들은 아동기 백신의 이런 확장을 미국적 과잉에 대한 은유로 여긴다. 백신 반대 활동가들이 자주 쓰는 슬로건인 〈지나치게 많고 지나치게 이르다〉는 현대 미국인의 삶에서 거의 모든 측면에 대한 비판이라고 해도 될 것 같다.

아버지가 맞았던 천연두 백신은 요즘 사용되는 어떤 백신보다도 면역 단백질, 쉽게 말해 유효 성분을 훨씬 더 많이 담고 있었다. 면역계가 백신에 반응한다는 건 그런 단백질에 반응한다는 뜻이다. 그런 의미에서, 우리 부모님들이 맞았던 천연두 백신 1회 용량이 면역계에 가했던 부담은 요즘 우리가 2년에 걸쳐서 아이들에게 맞히는 열네 가지 질병에 대한 총 26번의 접종이 가하는 부담을 다 합한 것보다도 더 컸다.

소아과 의사 폴 오핏은 동료들로부터 요즘 우리가 지나치게 많은 백신을 지나치게 이르게 접종시키는 게 아니냐는 질문을 받은 뒤, 아기 면역계의 역량이 어느 정도인지를 정량적으로 따져 보았다. 그 역량이 꽤 인상적인 수준이라는 사실은 이전부터 알려져 있었다. 아기는 자궁을 벗어난 순간부터, 심지어 산도를 나서기 전부터 세균의 맹공격에 노출된다.[44] 무균실에서 살지 않는 한, 모든 아기에게는 여러 차례의 백신 접종에서 얻은 약독화된 항원을 처리하는 것보다 매일 일상에서 감염을 물리치려고 싸우는 게 더 버거운 일일 것이다.

오핏은 펜실베이니아 대학의 소아과 교수이자 필라델

피아 아동 병원에서 감염성 질병 부서를 맡고 있다. 그는 백신을 공동 개발했고, 백신에 관한 책을 여러 권 썼으며, 질병 통제 예방 센터의 예방 접종 자문 위원회에서 일한 적도 있다. 또한 그는, 인터넷에 떠도는 말을 믿는다면, 〈프로핏 박사〉*라는 별명으로 불리는 〈악마의 하수인〉이다. 그가 그런 명성과 몇 건의 진지한 살해 협박을 받게 된 건 다 백신 접종을 나서서 옹호한 탓이었다.

오핏을 악마와 연루시킨 웹사이트에는 그 밖에도 홀로코스트가 날조라는 주장, 반유대주의는 시온주의자들이 이스라엘 건국을 정당화하고자 지어낸 소리라는 주장에 대한 증거가 수집되어 있다.[45] 오핏을 〈백신 장사꾼〉으로 비난한 사람은 J. B. 핸들리라는 블로거인데, 핸들리 자신도 장사에 문외한은 아니다. 벤처 투자가인 핸들리는 사모 펀드를 공동 설립하여 10억 달러가 넘는 자금을 운용하고 있으며, 자폐증 활동 조직 〈제너레이션 레스큐〉의 공동 창립자이기도 하다.[46]

『자폐증의 거짓 예언자들』이라는 책에서, 오핏은 백신이 자폐증을 일으킨다는 이론의 미심쩍은 역사를 살펴보고 그 이론을 반박하는 연구들을 자세히 소개했다. 그는

---

* 〈오핏Offit〉의 이름 앞에 〈P〉를 붙여서 〈수익profit〉을 뜻하는 단어와 발음이 같게 만든 것.

백신이 자폐증을 일으키느냐 마느냐의 문제는 현재 더 이상 과학적 논쟁의 주제가 못 된다고 똑똑히 말한다. 〈제너레이션 레스큐〉 같은 단체들이 허위 정보를 퍼뜨리고 효과 없는 치료법을 선전하는 데 큰돈을 쓴다는 사실도 밝힌다. 자폐 아동의 부모들 중에는 그런 활동을 착취로 여기는 이들도 있다.[47] 한편 오핏은 이런 이메일을 받는다. 〈네 목을 매달아서 죽여 버리겠다!〉

「속상합니다.」 그의 연구가 돈 때문이었다고 끈질기게 주장하는 사람들에 대해서 오핏은 이렇게 말했다. 하지만 그런 주장이 좀 우습게도 느껴진다고 덧붙였다. 「대체 누가 〈이 두 가지 바이러스 표면 단백질 중 어느 쪽이 중화 항체를 끌어내는지 알 수 있다면 나는 꿈도 못 꿀 만큼 떼돈을 벌 텐데!〉 하는 생각으로 과학자가 됩니까?」 그는 자신이 의대를 졸업한 뒤 연구자가 되지 않고 소아과 병원을 개업했다면 돈을 더 많이 벌었을 거라고 말했다.

오핏은 인턴으로 일할 때 9개월 된 아기가 로타바이러스에 걸려 죽는 걸 목격했다. 그때까지 그는 미국에서도 로타바이러스로 죽는 아이가 있다는 걸 몰랐다. 인턴을 마친 뒤, 그는 로타바이러스 예방 백신을 개발하려는 연구진에 합류했다. 당시 미국에서는 로타바이러스로 매년 7만 명의 아이가 입원했고, 전 세계 개발 도상국에서는 60만 명이 넘는 아이가 그 바이러스로 죽었다. 그때가 1981년이었는데, 그 시점에서는 그들이 백신을 만드는 데 성공할 확률은 그저 희박한 가능성에 지나지 않았다.

오핏은 이렇게 말했다. 「우리가 〈면역 반응을 유도하면서도 질병을 일으키지 않는 백신을 어떻게 만들지?〉 하는 질문에 답하기까지는 10년이 걸렸습니다. 그다음에 우리는 여러 회사를 찾아다녔습니다. 백신을 제조할 수 있는 자원과 전문성을 갖춘 곳은 제약 회사들밖에 없기 때문이죠. 그리고 보호받지 않는 기술을 개발하려는 제약 회사는 아무 데도 없습니다. 그래서 우리는 특허를 내야만 했습니다.」 특허를 받은 뒤에도, 백신이 반드시 시판되리라는 보장은 없었다.

이후 16년에 걸쳐서, 로타텍 백신은 점점 더 큰 규모로 아이들에게 안전성 시험을 실시했다. 최종 안전성 시험에는 12개국의 7만 명이 넘는 아이들이 참여했고, 머크 사는 거기에 3억 5천만 달러를 들였다. 이윽고 백신 판매 허가가 떨어지자, 필라델피아 아동 병원은 1억 8200만 달러에 특허를 팔았다. 병원 소속 연구자의 지적 재산권은 병원의 소유이므로, 판매액의 90퍼센트는 병원에게 돌아가서 연구에 재투자되었다. 그리고 남은 10퍼센트를 25년 넘게 백신 개발에 매달렸던 세 연구자가 나눠 가졌다.

다른 의약품과 비교할 때 백신은 개발비는 많이 들고 이익은 보통인 편이다. 저널리스트 에이미 월리스에 따르면, 〈2008년에 머크가 로타텍으로 올린 수익은 6억 6500만 달러였다. 한편 파이저의 리피토 같은 블록버스터 제품은 연간 120억 달러 규모의 장사다〉. 오래된 백신일수록 새 백신에 비해서 상당히 적은 돈을 벌어들인다. 그리고 백신 제조의 수익성은 그다지 좋지 못해서, 지난 30년 동안 많은 회사가 이 사업에서 손 떼는 걸 막지 못했다.

오핏은 자신의 백신이 성공했다는 사실이 어째서 면역학자로서 그의 전문성을 무효화하는 근거가 된다는 건지 아직도 잘 이해가 안 된다고 말했다.「내가 더 나은 코카인 흡입 방법을 개발한 것도 아닌데 말입니다.」하지만 그는 자신의 악명에 또 다른 이유가 있다는 건 이해한다. 그는 얼마나 많은 백신이 지나치게 많은가 하는 질문에 답하면서 아이들은 이론적으로 총 10만 회 용량의 백신 접종을, 혹은 한 번에 1만 회 용량의 백신 접종을 견딜 수 있다고 말한 적이 있다. 그는 지금도 그 숫자가 부정확한 건 아니라고 믿지만, 그래도 그렇게 말했던 걸 후회한다.「10만이라는 숫자 때문에 꼭 미친놈이 하는 말처럼 들렸겠죠. 주사 바늘 10만 개가 몸에 꽂혀 있는 이미지가 떠오르니까요. 끔찍한 이미지죠.」

22. 수두 파티

생후 1년 정기 검진을 받기 위해서 아들을 의사에게 데려갔을 때, 아이가 수두 백신을 맞을 거라는 사실을 듣고 놀랐다. 아이는 이미 헤모필루스 인플루엔자, 디프테리아, B형 간염, 로타바이러스 백신을 맞은 뒤였다. 모두 내가 익숙하지 않은 질병들이었다. 반면에 수두는 내가 어릴 때 우리 집의 네 아이가 동시에 걸려서 잘 알고 기억하는 병이었다. 아기였던 여동생은 한 살도 안 된 시점이었고, 나는 코와 목과 귀에 발진이 돋았으며, 일하러 나간 아버지 대신 어머니 혼자 집에서 우리에게 베이킹 소다로 목욕을 시켜 주었다. 나는 스스로 어머니가 된 뒤에야 아픈 네 아이를 돌보는 게 얼마나 힘든 일인지 이해하게 되었으나, 아무튼 수두 백신을 맞는 건 지나친 일로 보였다.

아이가 맞는 백신을 사망 가능성이 있는 질병으로 한정

할 수 있느냐는 내 질문에, 소아과 의사는 너그러운 미소를 지었다. 수두 때문에 아이가 죽진 않는다는 건 그녀도 인정했지만, 그 병을 피해야 좋을 다른 이유들이 있다고 했다. 내 유년기 이래, 항생제에 내성을 발달시킨 독성 강한 피부 감염 질병들이 증가했다. 수두는 포도상 구균, 그리고 〈살 파먹는〉 세균이라고도 불리는 A군 연쇄상 구균 감염뿐 아니라 폐렴과 뇌염 감염으로 이어질 수 있다. 그리고 여느 질병처럼 수두도 약하게 나타날 수도 있지만 심할 수도 있다. 백신이 도입되기 전에는 매년 약 1만 명의 건강한 아이가 입원해서 약 70명이 죽었다. 여기까지만 말해도 내가 백신을 받아들이도록 만들기에 충분했으나, 더 있었다.

일단 수두에 걸리면, 수두 바이러스가 몸에서 영원히 떠나지 않는다. 바이러스는 신경 뿌리에 남아 있고, 면역계는 남은 평생 그것을 저지해야 한다. 그러다 스트레스가 심한 시기에, 바이러스는 신경을 감염시켜 통증을 일으키는 대상 포진으로 되살아난다. 깨어난 바이러스는 뇌졸중과 마비를 일으킬 수 있는데, 그보다 더 흔한 대상 포진 합병증은 몇 달 혹은 몇 년씩 이어지는 신경 통증이다. 수두의 경우, 실제 질병에 의해서 생성된 면역은 질병과 영원한 관계를 맺게 된다는 걸 뜻한다.

수두를 예방하는 백신 바이러스도 신경계에 잠복하기

는 마찬가지다. 그러나 약독화된 바이러스이기 때문에, 대상 포진으로 되살아날 가능성이 훨씬 낮다. 되살아나더라도, 대상 포진이 아주 심하게 발병할 가능성이 낮다. 어떤 부모들은 수두 백신으로 형성된 면역이 자연 감염으로 형성된 면역보다 오래 지속되지 않기 때문에 더 열등하다고 느낀다. 수두가 상당히 심각한 문제가 될 수도 있는 성인기까지 면역을 유지하려면, 청소년기에 추가로 항원 자극을 받아야 한다. 「그게 뭐 어때서?」 아버지는 대뜸 말했다. 나는 아버지에게 수두 파티라는 현상에 대해서 설명하는 중이었다.* 나는 〈어떤 사람들은 아이가 수두에 진짜로 걸리기를 바라는데요, 왜냐하면……〉까지 말하고는 의사에게 댈 최선의 이유를 떠올리려고 말을 잠시 멎었다. 그러자 아버지가 이어 말했다. 「바보들이라서 그렇지.」

나는 그들이 바보라고는 생각하지 않는다. 다만 그들이나 또한 유혹적으로 느끼는, 산업 사회 이전 시절에 대한 노스탤지어에 탐닉하는 거라고 생각한다. 그 시절에 사람들은 야생의 것들과 함께 살았다. 산등성이에는 퓨마가 살았고, 초원에는 들불이 번졌다. 세상에는 위험이 있었지만, 그래도 그 위험은 레이철 카슨이 〈완벽한 균형을 이룬 자

* 수두 파티는 일부 부모들이 아이가 진짜 수두에 감염되어 자연적으로 면역을 얻기를 바라는 마음에서 감염된 아이 집에 아이들을 모아 함께 놀게 하는 일로, 미국에서 유행하고 있다.

연계〉라고 묘사했던 것의 일부였다. 〈장미 꽃잎에 맺힌 이슬방울〉이라고 묘사되었던 독특한 발진을 일으키는 수두를, 종류가 무엇이든, 사악한 질병으로 여기기는 어렵다. 그리고 두 종류의 수두 바이러스가 각각 야생형과 백신 바이러스라고 불릴 때, 야생형이 더 우월할 거라고 짐작하지 않기도 어렵다.

2011년 한 텔레비전 뉴스에 내슈빌에서 수두 바이러스가 묻은 막대 사탕을 파는 여자가 인터뷰를 했던 걸 계기로, 수두에 걸린 아이가 핥은 사탕을 주고받는 부모들로 구성된 〈주(州)를 넘나드는 일당〉이 발각되었다. 연방 검사가 곧장 지적했듯이, 우편으로 바이러스를 보내는 건 불법이다. 하나에 50달러의 가격으로 팔린 오염된 막대 사탕은 아이에게 백신 접종 대신 자연 감염으로 면역을 형성시키려는 부모들에게 제공하는 서비스라고 했지만, 감염성 질병 전문가들은 이 방법에 회의적이었다. 사탕으로 수두를 전달하는 게 이론적으로는 가능하지만, 수두 바이러스는 보통 흡입을 통해서 감염되는 편이다. 그리고 수두 바이러스는 아마 우편 여행을 견디기에는 너무 약할 것이다. 한편 사탕은 그보다 더 튼튼한 바이러스들, 가령 몸 밖에서도 최소 일주일을 버티는 B형 간염 바이러스 따위는 확실히 전파할 수 있다. 아픈 아이가 핥았던 사탕에는 B형 간염 외에도 인플루엔자, A군 연쇄상 구균, 포도상 구균이 묻어 있을 수 있다.

수두 사탕은 과거에 팔에서 팔로 백신을 옮겼던 방법이 위험했던 이유, 즉 다른 질병이 함께 전달될 수 있다는 똑같은 이유 때문에 위험하다. 19세기에 백신 접종의 대안으로 인기 있었던 방법은 일부러 약한 수두에 걸리는 종두법이었다. 백신 접종도 종두도 각각 위험이 있었다. 둘 다 고열을 일으킬 수 있었고, 둘 다 감염으로 이어질 수 있었고, 둘 다 매독 같은 질병을 전파할 수 있었다. 그러나 종두로 인해 병에 걸린 사람들은 약 1에서 2퍼센트 사이의 치사율을 보이는 편이었기 때문에, 백신 접종보다 더 위험했다. 백신 접종이 더 안전한 방법이었음에도, 에드워드 제너가 그 기법을 대중화한 뒤 즉각 백신 접종이 종두를 대신하게 되진 않았다. 영국에서는 이후에도 종두의 인기가 유지되었는데, 나디아 두어바흐에 따르면 사람들이 《〈진짜〉라고 여긴 걸〉 선호한 탓도 있었다.[48]

코카콜라가 1940년대에 〈이게 진짜예요〉라는 슬로건으로 팔렸을 때, 이미 그 속에 코카인은 들어 있지 않았다. 그 것은 이미 진짜가 아니었고, 사실은 한 번도 진짜인 적이 없었다. 1886년에 코카인과 카페인을 섞어서 〈신경 강장

제〉를 개발했던 약국은 그것이 신경 질환, 두통, 발기 부전을 치료한다고 주장했다. 그러나 실제 그들이 제공한 것은 기분 좋은 맛이 나는 음료에 든 중독적 자극제였다. 그것은 엄청나게 인기 있는 음료가 되었지만, 진짜 건강에 좋기 때문은 아니었다.

1985년에 제조법을 바꾸어 출시된 뉴코크는, 블라인드 테스트로 맛을 시험했을 때는 사람들이 기존 코카콜라보다 선호하는 결과가 나왔음에도, 반응이 좋지 않았다. 소송, 보이콧, 대중의 항의가 뒤따랐다. 전통적으로 진짜임을 강조하여 마케팅되어 온 제품을 뉴코크가 쉽게 대신하지 못하리라는 건, 어쩌면 코카콜라사에게 그다지 놀라운 일이 아니었어야 했다. 우리는 모방을 경계한다. 그것이 개선일지라도 말이다. 우리는 백신 바이러스가 아니라 야생형 바이러스를 원한다. 그리고 아이가 진짜 수두를 경험하는 편을 선호한다. 수두를 일부러 감염시키는 방법의 매력 중 하나는 그런 예방 접종이 백신 접종보다는 종두를, 즉 진짜를 더 닮은 것처럼 보인다는 점이다. 소아 감염성 질병 전문가 앤 모스코나가 말했듯이, 19세기 종두 접종자들에게 그것은 〈제 손으로 면역을 얻는〉 방법이었다. 오늘날 우리의 수두 막대 사탕과 돼지 독감 파티처럼, 그것은 일종의 〈자경(自警) 백신 접종〉이었다.

23. 양심적 거부와 도덕의 문제

한때, 〈명백하고 현존하는 위협〉이라는 개념은 전염병이 도는 시절에 의무 백신 접종을 옹호하는 논거로 쓰였다. 오늘날 주로 전쟁과 결부되어 쓰이는 〈양심적 거부자〉란 용어는 원래 백신 접종을 거부하는 사람을 가리키는 말이었다. 모든 아기에게 백신 접종을 의무화했던 영국의 1853년 의무 백신 접종법은 광범위한 저항을 낳았다. 후속 법률은 거부자에게 연거푸 벌금을 매길 수 있게 했고, 벌금을 내지 못한 사람은 재산을 압류당하거나 경매당했으며 구금되기도 했다. 1898년, 정부는 법률에 이른바 양심 조항을 덧붙여서 부모들이 면제를 신청할 수 있게끔 허락했다. 조항은 좀 막연했다. 거부자는 자신의 거부가 양심의 문제라는 사실을 한 명의 치안 판사에게 〈납득시키면〉 되었다.[49] 이 조항 덕분에 수천 건의 양심적 거부 사례가 등장했고, 어떤 지역에서는 신생아의 다수가 그런 사례에 해당했으며, 나아가 양심을 품는다는 게 정확히 무슨 뜻인지를 두고 토론이 벌어졌다.

양심적 거부자라는 표현이 법규에 쓰이기 전, 백신 거부자들은 그냥 귀찮아서 아이에게 백신을 안 맞히는 태만한 부모들과 자신들을 구별하기 위해서 이 용어를 사용했다. 양심이란 단어는 이것이 아이를 염려하는 부모의 의도적인 결정이라는 사실을 알리려는 뜻이었다. 양심적 거부자들은 양심이란 평가될 수 없고 되어서도 안 되는 것이라고 주장했고, 치안 판사들도 양심을 내세우는 주장에 모종의 증거를 요구해야 하는가 마는가 하는 문제로 골머리를 썩였다. 「나도 법률이 이해되지 않습니다.」 한 치안 판사는 좌절해서 이렇게 말했다. 「당신은 내게 직접 양심적 거부 의사를 밝혔는데, 이걸로 충분한 건지 아닌지를 모르겠습니다.」 결국 납득시킨다는 단어는 양심 조항에서 지워졌고, 일련의 규정을 통해서 거부자는 백신 접종이 아이를 해칠 것이라는 〈진실된〉 믿음을 품고 있어야 하되 그 믿음이 꼭 〈합리적 근거에 따를〉 필요는 없다고 정해졌다. 법률을 토론하는 과정에서 의원들은 양심이란 정의하기 매우 까다로운 것임을 확인했다.

양심 조항이 등장했던 때부터 지금까지, 『옥스퍼드 영어 사전』은 줄곧 양심을 주로 잘잘못의 문제로 정의해 왔다. 첫 번째 정의로 나오는 문장은 〈자신에게 책임이 있는 일에 대한 잘잘못의 감각〉이다. 뒤이어 나열된 여섯 가지 정의에는 윤리적 가치, 정의, 공정성, 정확한 판단, 가책, 지식, 통찰, 신이 언급되어 있고, 여덟 번째와 아홉 번째 정의에 가서야 비로소 감정과 마음이라는 단어가 등장한다. 그리고 그 옆에는 〈드물게 쓰임〉과 〈옛말〉이라는 표시가 붙어 있다.

스스로 천연두 생존자였던 조지 워싱턴은 백신 접종이 양심의 문제가 되기 한참 전부터 혁명군에게 예방 접종을 의무적으로 맞혀야 하나 하는 문제와 씨름했다. 1775년, 퀘벡을 포위하던 대륙 육군 약 3분의 1이 천연두에 걸려 쓰러졌다. 그들은 결국 미국 역사상 최초의 전투 패배를 기록하며 후퇴해야 했다. 당시 식민지들이 겪은 것 중 가장 치명적인 천연두가 10만 명의 목숨을 앗아 가는 중이었지만, 영국에서는 천연두가 풍토병이라 대부분의 영국 군인들은 어릴 때 앓다가 살아났기 때문에 면역이 있었다. 당시는 백신 접종 기법이 발명되기 전이었고, 워싱턴은 군대에게 종두를 실시하는 게 썩 내키지 않았다. 종두에는 알려진 위험이 있었고, 일부 식민지에서는 아예 불법이었다. 워싱턴은 접종을 명령했다가 며칠 뒤 철회하기를 여러 차례 반복했다. 그러다가 영국이 천연두를 생물 무기로 퍼뜨릴 계획이라는 소문을 듣고서는 마침내 모든 신병에게 예방 접종을 의무화하라고 단호히 지시했다.

만일 미국이라는 나라의 존재가 의무 예방 접종에 어느 정도 빚지고 있다면, 미국이라는 나라의 현재 성격은 의무 접종에 반대했던 저항에도 어느 정도 빚진다고 말할 수 있다. 초기의 백신 거부자들은 미국에서 점차 강해지던 경찰의 힘에 처음 법적으로 도전한 사람들이었다. 우리가 더 이상 머리를 겨눈 총구 앞에서 강제로 백신을 맞지 않아도 되는 것은 그들 덕분이고,[50] 어쩌면 여자들이 낙태권을 부정당하지 않는 것도 그들 덕분이다. 1970년대의 몇몇 결정적인 생식권 관련 소송들은 제이컵슨 대 매사추세츠 판결을 선례로 들었는데, 1905년의 그 연방 대법원 판결에서 제이컵슨이라는 목사는 자신이 과거에 백신을 맞았을 때 건강을 해쳤던 경험이 있다는 걸 근거로 백신 접종을 거부하는 입장을 변호했다. 그러나 한편 이 판례는 미국 시민에 대한 영장 없는 수색과 억류를 옹호하는 선례로도 쓰였다. 제이컵슨 재판의 판결은 집단의 이해와 국가의 힘, 그리고 개인의 권리 사이에서 균형을 잡으려는 노력이었다. 판결은 의무 백신 접종법을 옹호했지만, 그런 법률 아래에서 불평등과 억압을 당할 가능성이 있는 개인에게는 주가 면제를 적용해도 좋다고 허락했다.

미국은 연방 차원에서 의무 백신 접종법을 제정한 적은 한 번도 없었다. 20세기 초 몇몇 주에는 의무 법률이 있었지만, 전체 주의 3분의 2에는 없었고 두 군데 주에는 오히려 강제를 금지하는 법률이 있었다. 일부 학군에서는(요즘 그렇듯이) 아이가 공립 학교에 들어가려면 꼭 백신을 맞아야 했지만, 이 조건은 느슨하게 집행되기 일쑤였다. 일례로 펜실베이니아 주 그린빌의 아이들 중 3분의 1은 의학적인 이유에서 백신 접종을 면제받았다.

당시 의무적으로 권장된 백신은 천연두 백신뿐이었는데, 그 백신은 심각한 부작용이 있었거니와 세균에 자주 오염되었다. 그러던 20세기 초엽, 이전보다 온화한 신종 천연두 균주가 미국에 나타났다. 오늘날 바리올라 미노르 *Variola minor*라고 불리는 그 바이러스에 감염된 사람들의 치사율은 약 1퍼센트로, 기존의 바리올라 마요르*Variola major*의 30퍼센트에 비해서 훨씬 낮았다. 천연두로 사망하는 사람이 줄자, 산발적이었던 백신 접종 반대 움직임은 로라 리틀 같은 활동가들이 이끄는 조직적인 운동으로 발전했다. 리틀은 사람들에게 힘을 실어 주는 이런 조언을 내세웠다. 〈스스로 자기 몸의 의사가 되십시오. 스스로 자기 기계를 돌리십시오.〉 어떤 곳에서는 무장한 군중이 백신 접종원을 몰아내기도 했다. 저널리스트 아서 앨런에 따르면 〈백신 반대 폭동은 결코 드문 일이 아니었다〉.

면역이라는 용어는 질병의 맥락에서 쓰이기 한참 전부터 법적 맥락에서 국가에 대한 병역이나 세금의 의무로부터 면제된 상태를 뜻하는 말로 쓰였다. 면역이 의무로부터의 자유뿐 아니라 질병으로부터의 자유도 뜻하게 된 것은 여러 주가 백신 접종을 요구하기 시작한 19세기 말이었다. 의미들이 특이한 방식으로 충돌한 탓에, 양심 조항으로 말미암아 가능해진 면역으로부터의 면제는 그 자체가 일종의 면역이 되었다. 그리고 자의로 질병에 취약한 상태를 고수할 수 있는 것은 오늘날에도 여전히 법적 특권이다.[51]

사전은 제쳐 두고, 양심의 뜻은 1898년에 그랬던 것만큼이나 요즘 우리에게도 분명하지 않을 수 있다. 우리는 그것이 부족한 상황은 쉽게 알아차린다. 〈그녀는 양심이 없어〉라고 말하곤 한다. 하지만 그때 없어진 것이란 정확히 무엇일까? 나는 이 질문을 예수회 대학에서 윤리를 가르치고 있으며 북아메리카 칸트학회의 회원인 여동생에게 물었다. 「까다로운 문제야.」 동생은 대답했다. 「18세기에 칸트는 우리에게는 스스로 양심을 점검할 의무가 있다고 말했어. 그건 곧 양심은 명백한 게 아니란 뜻, 양심은 점검되고 해석되어야 하는 것이란 뜻이었지. 칸트는 양심을 내면의 판사로 여겼고, 법정의 은유를 끌어들여서 그 작동을 설명했어. 양심의 법정에서, 자아는 판사인 동시에 피고야.」

나는 동생에게 그렇다면 양심이 우리의 생각에서 나오는 것이란 뜻인지, 즉 양심이 각자의 정신이 만들어 낸 산물이라는 뜻인지 물었다.「그 개념은 계속 진화하는 중이야. 과거에는 지금보다 양심이 감정과 좀 더 밀접하게 연관된 것으로 여겨졌을 수 있지만, 요즘도 우리는 〈양심의 가책을 느낀다〉는 식으로 말하지. 양심은 사고와 감정의 통합과 관련된 개념이야.」칸트는 내면의 판사를 〈마음의 조사관〉이라고 불렀다고, 동생은 알려 주었다.

그리고 이어서 말했다.「까다로운 부분은, 그냥 불편한 느낌과 양심이 말해 주는 바를 어떻게 구별할 건가 하는 문제야.」이 문제는 내 뇌리에 남았다. 내가 양심의 호출을 무언가 다른 느낌으로 착각할 수 있다는 가능성은 내게 심란하게 느껴진다. 나는 구약 성경을 문학으로서 가르치는 소설가이자 한때 내 교수였던 분에게 우리가 자신의 양심을 어떻게 알아볼 수 있느냐고 물었다. 그녀는 나를 엄하게 바라보더니 말했다.「그건 아주 독특한 감정이에요. 양심을 다른 감정과 쉽게 혼동하는 사람은 없을 것 같은데.」

「도덕은 전적으로 개인적일 수 없어.」여동생은 내게 말했다.「언어가 전적으로 개인적일 수 없는 여러 이유와 같은 이유에서. 자기 혼자만 알아들을 수 있는 말이란 없잖아. 하지만 우리가 양심을 개인적인 잘잘못의 감각으로 여긴다는 사실은, 정의(正義)를 집단적으로 이해하는 것만으로는 불충분하다는 걸 암시해. 개인이 지배적인 도덕 규범의 결함에 저항해서 개혁의 가능성을 열 수도 있는 거거든. 역사에는 그런 사례가 무수히 많지. 하지만 한편으로 양심은 자신의 행동을 공적으로 옹호할 만한 도덕 기준에 맞추도록 끊임없이 지시하는 내면의 목소리로도 여겨져. 그런 양심은 개인을 개혁하지.」

백신으로 형성된 면역이 베푸는 자비 중 하나는 소수의 사람들이 자신과 타인을 대단히 더 큰 위험에 빠뜨리지 않으면서도 백신 접종을 포기할 수 있다는 점이다. 하지만 그 수가 정확히 얼마인가는 — 즉, 그 문턱값을 넘어서는 순간 집단 면역이 사라져서 백신 접종자나 미접종자 모두 질병에 걸릴 위험이 극적으로 치솟는 지점이 어딘인지는 — 문제의 질병, 백신, 인구에 따라 달라진다.[52] 많은 경우 우리는 그 문턱값을 넘어선 뒤에야 사후적으로 값을 알 수 있을 따름이다. 따라서 양심적 거부자는 늘 전염병에 기여할 잠재력을 품은 위태로운 위치에 있다. 여기에서 우리는

186

경제학자들이 도덕적 해이라고 부르는 상황, 즉 보험으로 보호받는 사람은 현명하지 못한 위험을 감수하는 성향이 있다는 상황에 처한 셈일지도 모른다. 법률은 일부 사람들이 의학적, 종교적, 철학적 이유에서 백신 접종으로부터 면제받을 수 있도록 허락한다. 하지만 우리 스스로 그런 사람 중 하나가 될 것인가 말 것인가 결정하는 문제는 정말로 양심의 문제다.

『우리집 백신 백과』 중 〈자녀에게 백신을 맞히는 것은 사회적 의무인가?〉라는 장에서, 밥 선생님은 이렇게 묻는다. 〈제 아이의 건강을 주변 다른 아이들의 건강보다 앞세운다고 해서 그 부모를 탓할 수 있을까?〉 이것은 답이 정해진 수사적 질문이지만, 내 답은 밥 선생님이 암시한 답과는 다르다. 책의 다른 대목에서 밥 선생님은 MMR 백신을 두려워하는 부모들에게 이렇게 조언한다. 〈나는 그런 부모들에게 두려움을 이웃과 나누지는 말라고 조언한다. 지나치게 많은 사람이 MMR 백신을 회피하면 발병이 눈에 띄게 늘 가능성이 있기 때문이다.〉

윤리학자에게까지 자문을 구하지 않아도 이건 좀 이상하다는 걸 알 수 있지만, 어쨌든 여동생은 내 불편함을 명료하게 해설해 주었다. 「문제는 자기 자신에게만 특별히 면제를 허용한다는 점이야.」 동생은 여기에서 철학자 존

롤스가 제안했던 사고방식을 떠올렸다. 이렇게 상상해 보자. 자신이 사회에서 어떤 위치를 차지할지 — 부자인지, 가난한지, 교육받았는지, 보험이 있는지, 건강 보험이 없는지, 아기인지, 성인인지, HIV 양성인지, 면역계가 건강한지, 등등 — 모르지만, 어떤 가능성들이 존재하는지는 전부 다 안다고 가정하자. 그 상황에서 우리가 원하는 정책이야말로 결국 자신이 어떤 위치에 놓이는지와 무관하게 모두에게 공정한 정책일 것이다.

여동생은 이렇게 제안했다. 「서로 의존하는 관계라고 생각해 봐. 우리 몸은 자기 혼자만의 소유가 아니야. 우리는 그렇지 않아. 우리 몸들은 서로 독립적이지 않지. 우리 몸의 건강은 늘 남들이 내리는 선택에 의존하고 있어.」 이 대목에서 동생은 뭐라고 말해야 할지 몰라서 잠시 머뭇거렸는데, 그녀에게는 드문 일이었다. 「어떻게 설명해야 하는지도 잘 모르겠지만, 요컨대 독립성이란 환상이 존재한단 거야.」

24. 자연적 몸과 정치적 몸

1558년에 여왕으로 즉위할 때, 엘리자베스 1세는 자신이 두 몸에 깃든 존재라고 선언했다. 〈나 자신은 그저 하나의 자연적 몸이지만, 신께서 허락하사 다스리는 정치적 몸이기도 하다.〉 여왕은 이 개념을 중세의 정치 신학으로부터 끌어왔지만, 정치적 몸(정치체)이라는 관념은 중세에도 이미 오래된 개념이었다. 그리스인들은 정치체를 하나의 유기체로 여겼다. 그것은 독자적으로 살아 있으면서도 그보다 더 큰 유기체인 우주의 일부라고 생각했다. 시민도 도시도 그런 몸속의 몸이었다.

우리가 자기 피부라는 경계에 오롯이 담긴 한 몸에만 깃들어 산다는 오늘날의 믿음은 정신 면에서나 육체 면에서나 개인을 찬양했던 계몽주의 사상에서 생겨났다. 그러나 개인을 어떻게 정의할 것인가는 여전히 좀 애매한 문제였다. 계몽 시대 말에 노예의 몸은 한 인간의 5분의 3에 해당하는 것으로 여겨졌다. 사람들이 스스로 독자적인 존재라는 새로운 착각을 즐기는 동안, 그중 일부는 계속 부분적인 인간으로만 여겨졌다.

〈절반으로 자르면 제대로 기능하지 못하는〉 성질이 곧 생물학적 개체성이라고 정의했던 1912년 의견에 대해, 도나 해러웨이는 이처럼 불가분성을 요구하는 조건은 벌레에게도 여성에게도 문제라고 지적했다. 해러웨이는 이렇게 말했다. 〈현대 서구 담론에서 여성이 어엿한 개인으로 인정받기 어려웠던 건 이 때문이었다. 여성의 경우, 그 몸이 다른 몸을 만들어 낼 수 있다는 심란한 재능은 사적이고 경계가 뚜렷한 개인성의 개념을 훼손한다. 더구나 그 다른 몸의 개인성이 여성의 개인성보다 우위를 차지할 수 있다. 설령 그 작은 몸이 여성의 몸속에 오롯이 담겨 있더라도.〉 우리 여성들의 한 가지 기능은 몸이 나뉘는 것이다.

아들이 배꼽에 대해서 물으면, 나는 한때 거의 신화적인 탯줄이 우리를 잇고 있었다고 설명해 준다. 내 배꼽을 가리키면서, 누구나 한때는 다른 몸속에 담겨 있었고 그 몸에 의지해서 살았다고 말해 준다. 세 살밖에 안 된 아들은 아직까지 내게 전적으로 의지하지만 벌써 스스로를 독립적인 존재로 생각하는 데 익숙해진 터라, 이런 설명을 혼란스럽게 느낀다. 계몽 시대 직전에 저 말을 했던 엘리자베스 여왕은 우리가 오늘날까지도 제대로 이해하지 못하는 역설을 표현한 것이었다. 즉, 몸은 각자에게 속한 것이겠지만 동시에 많은 몸으로 이뤄진 더 큰 몸에도 속한다는 역설을. 우리는, 우리 몸은, 독립적이면서도 의존적이다.

자연적 몸은 백신 접종 행위에서 정치적 몸과 만난다. 하나의 바늘이 두 몸을 꿰뚫는다. 어떤 백신이 형성하는 집단 면역은 역시 그 백신으로 형성된 개인 면역보다 우월하다는 사실을 볼 때, 정치에게는 비단 몸이 있을 뿐 아니라 그 몸을 전체적으로 보호하는 면역계도 있는 것 같다. 어떤 사람들은 정치적 몸에게 좋은 것은 자연적 몸에게 좋을 리 없다고 가정한다. 두 몸의 이해는 늘 상충한다는 것이다. 하지만 역학자들과 면역학자들, 심지어 수학자들의 연구는 정반대 결론을 가리킬 때가 많다. 종류를 불문하고 모든 위험-편익 분석과 집단 면역 모형에서는 백신 접종이 대중뿐 아니라 개인에게도 이득이라는 결론이 나오는 편이다. 최근 하버드 연구자들은 게임 이론을 써서 인플루엔자가 유행병이 된 상황의 백신 접종 행위에 대한 수학 모형을 만들었는데, 그 결과 〈이기적인 사람들의 집단도 유행병을 물리칠 수 있다〉는 것을 발견했다. 이타주의는 없어도 된다.

백신은 국가가 규제하고, 권장하고, 배포한다. 즉, 정부와 백신 접종은 말 그대로 실질적인 관계를 맺고 있다. 그러나 은유적인 관계도 있다. 백신은 면역계에 특정한 질서를 부여한다는 점에서, 면역계를 다스리는 셈이다. 19세기 영국의 백신 반대론자들은 자기네 운동을 아일랜드 자치 운동에 비교하며, 나라를 통치하는 일과 몸을 통치하는 일을 하나로 보았다. 사람들이 백신을 거부하는 데는 자기 몸은 자기가 다스리고 싶다는 뜻도 있다.

국가에 대한 태도는 백신 접종에 대한 태도로 쉽게 번역된다. 몸이 국가에 대한 손쉬운 은유인 탓도 있다. 국가에는 당연히 (우두)머리가 있으며, 정부는 손발을 부려서 힘을 행사한다. 『나는 타자다』에서 제임스 기어리는 몸을 국가의 은유로 쓰는 것의 효과를 알아보았던 실험을 소개했다. 연구자들은 두 피험자 집단에게 몸 은유를 사용하여 미국 역사를 서술한 글을 읽게 했다. 국가가 〈성장 급등〉을 경험했다느니 혁신을 〈소화하려고〉 애썼다느니 하는 식이었다. 이 글을 읽기 전, 둘 중 한 집단은 공기 중 세균을 해로운 것으로 묘사하는 글을 먼저 읽었다. 확인 결과, 해로운 세균에 대한 글을 읽었던 사람들은 안 읽은 사람들보다 나중에 신체적 오염에 대한 걱정과 이민에 대한 부정적 의견을 둘 다 더 많이 표출했다. 그들이 읽었던 미국 역사 글에 이민에 대한 언급은 없었는데도 말이다. 연구자들이 명시적으로 은유를 제공한 게 아니었는데도, 사람들은 이민자를 국가라는 몸에 침입하여 오염시키는 세균 같은 존재로 생각하는 경향이 있었다. 연구자들은 어떤 두 주제가 은유적으로 연결되어 있을 때 한쪽 주제에 대한 태도를 조작한다면 다른 쪽 주제에 대한 태도에도 영향을 미칠 수 있다고 결론 내렸다.

〈생각이 언어를 오염시킨다면, 언어도 생각을 오염시킬 수 있다.〉 조지 오웰의 유명한 말이다. 진부한 은유는 진부한 생각을 낳는다. 뒤섞인 은유는 혼란을 낳는다. 그리고 은유는 쌍방향으로 흐른다. 무언가를 끌어들여서 다른 무언가를 생각하는 건 둘 다를 조명하는 일일 수도 있지만 둘 다를 흐리는 일일 수도 있다. 만일 우리가 느끼는 신체적 취약성의 감각이 정치를 오염시킨다면, 거꾸로 정치적 무력함의 감각은 우리가 자신의 몸을 대하는 방식에 대해서 뭔가 알려 줄 것이다.

25. 적대적 세상에서 위험에 처한 면역계

H1N1 독감 발발에 뒤이은 봄, 아들이 한 살이었을 때, 딥워터 허라이즌 석유 시추 시설이 폭발했다. 노동자 11명이 죽었고, 해저 정두(井頭)에서 멕시코 만 바다로 원유가 흘러나오기 시작했다. 87일에 걸쳐서 총 8억 리터의 원유가 유출되었다. 내가 아는 어머니들은 이제 독감 이야기는 하지 않았고 그 대신 원유 유출 사고에 대해서 이야기했다. 노골적으로 이렇게 말한 사람은 아무도 없었지만, 끊임없이 새어 나오는 원유는 우리가 아이의 삶에서 통제할 수 없는 모든 것에 대한 상징처럼 느껴졌다.

그 봄 어느 날, 나는 남편에게 전화를 걸어 울면서 아기 침대에 쓸 새 매트리스를 사야 한다고 말했다. 「알았어.」 남편은 새 매트리스의 필요성도 내 눈물의 이유도 이해하지 못한 채 조심스럽게 대꾸했다. 그날 아침 나는 백신에 관한 글을 읽다가 이런저런 경로를 거쳐서 플라스틱에 가소성을 부여하는 데 쓰이는 화학 물질에 관한 기사를 보게 되었다. 그 기사를 통해서 다시 플라스틱 젖병이 건강에 해로울지도 모른다고 말하는 기사를 읽었고, 그걸 통해서 다시 아기 매트리스에 자주 쓰이는 플라스틱에서 방출되는 기체에 관한 기사를 읽었다. 그 주제에 대한 연구는 대체로 예비 단계였고, 많은 우려가 아직은 추측에 지나지 않았다. 그러나 그런 글을 하도 많이 읽다 보니, 정오 무렵에 나는 아들이 밤마다 평균 12시간씩 자는 매트리스가 걱정되기 시작했다. 매트리스의 상표를 확인하고 제조사에 연락해 본 뒤, 아버지에게 전화를 걸었다. 아버지는 아이가 자는 동안 주변 공기가 계속 순환하기 때문에 괜찮다고 안심시켰지만, 그래, 그런 사례도 본 적은 있단다 하고 인정했다. 폴리염화비닐로 만들어진 자동차 내장재 때문에 사람들이 아팠던 사례가 있었다고 했는데, 아들의 매트리스에 쓰인 물질도 폴리염화비닐이었다.

내가 그것 때문에 눈물을 터뜨린 건 아니었다. 이미 이전에도, 아이의 생후 1년 동안, 몇몇 일회용 기저귀에 포함된 화학 물질이 아이에게 붉은 발진을 일으킨다는 걸 발견했기 때문이었다. 아이의 자그만 네 젖니에 처음 썼던 치약이, 그것은 〈천연〉 브랜드였는데도 그 속에 담긴 첨가제

195

때문에 아이의 입안에 물집이 잡힌 걸 발견했기 때문이었다. 아들은 나처럼 특정 화학 물질들에 비정상적으로 민감했다. 나는 이것을 우리가 위험 속에서 허우적대고 있다는 증거로 받아들이지 않으려고 무진장 애썼다. 하지만 다른 어머니에게서 식품 의약청FDA에게는 약품을 규제하는 것처럼 아기용 샴푸와 로션을 포함한 화장품을 규제할 권한은 없다는 말을 들은 뒤, 나는 약국에서 로션을 고르다가 성분 표시를 하염없이 들여다보면서 그 자리에서 굳어 버렸다. 매서운 미시간 호 바람에 심하게 튼 아이의 피부에 좋다며 소아과 의사가 추천한 로션이었다.

그 시기에, 유례없이 많은 양의 화학적 유처리제 코렉시트Corexit가 딥워터 원유 유출 지점으로 비행기에서 뿌려지고 있었다. 코렉시트는 1976년 독성 물질 규제법이 제정될 때 아무런 보건 및 안전 검사를 받지 않은 채 신규 법률 적용 대상에서 면제된 기존 62,000가지 화학 물질 중 하나였다. 유처리제는 아들의 매트리스에 쓰인 화학 물질과 마찬가지로 가소제의 일종이다. 하지만 매트리스에 쓰인 가소제는 누출된 원유에 뿌려진 700만 리터의 유처리제에 비하면 극미량이다. 환경 보호국EPA이 확인했듯이, 코렉시트는 시판되는 유처리제 중에서 제일 안전한 제품도 제일 효과적인 제품도 아니었다. 그저 BP사가 누출 사고 후

제일 쉽게 구할 수 있었던 제품이었다.[53] 그해 5월에 EPA는 BP에 독성이 그보다 덜한 유처리제를 쓸 것을 요청했지만, BP는 응하지 않았다. 과학자들은 아직 그 독성을 제대로 이해하려고 애쓰는 중이지만, 아무튼 코렉시트의 제일가는 장점은 누출된 원유가 사라진 것처럼 보이게 만들어 준 것이었던 듯하다.

나는 원유가 눈에 덜 띄는 형태로 바뀌어 여전히 바닷물에서 넘실댄다는 것, 그러면서 산호와 바다거북과 돌고래를 죽인다는 것, 고래상어에서 해초까지 모두를 위협한다는 것이 영 불안했다. 탈규제된 금융 산업의 붕괴에 뒤이어 부실하게 규제된 석유 산업이 낸 누출 사고, 그리고 부적절하게 규제된 화학 산업이 저지르는 화학 물질 유출을 접한 나는 공황에 빠졌다. 나는 남편에게 울면서 말했다. 「정부가 아기 방에서 프탈레이트를 없애지 못하고 아기 로션에서 파라벤을 없애지 못한다면, 게다가 멕시코 만에서 8억 리터나 되는 원유량 700만 리터나 되는 유처리제마저 없애지 못한다면, 대체 빌어먹을 정부는 왜 있는 거야?」 침묵이 흘렀다. 「알아들었어.」 남편은 내 폭주하는 불안을 가두기 위한 혼신의 노력에서 첫 단계에 해당하는 듯한 목소리로 대답했다. 「일단 새 매트리스를 사자. 거기서부터 시작하자.」

면역학에서 조절(규제)regulation이란 용어는 몸이 스스로에게 해를 끼치는 걸 막기 위해서 동원하는 전략들을 가리킨다. 우리가 아플 때 기분이 나쁜 건, 면역계가 제 몸에 전적으로 호의적이지만은 않기 때문이다. 세균의 증식을 저지하는 열이 지나치게 높을 경우에는 몸의 효소들을 망가뜨린다. 세포를 보호해 주는 염증 반응이 제어되지 않고 지속될 경우에는 조직에 해가 된다. 그리고 면역 반응에 필수적인 화학 신호들이 과잉으로 있을 경우에는 장기 기능 상실로 이어진다. 보호하려는 충동이 조절되지 않을 경우, 그것은 꼭 필요한 것만큼이나 아주 위험할 수도 있다.

〈1901년 가을에는 규제가 논쟁적인 발상이었지만, 불과 몇 달 뒤에 연방 법률이 제정되었다.〉 역사학자 마이클 윌리히는 이렇게 적었다. 그 사이에 무슨 일이 있었는가 하면, 뉴저지 주 캠던에서 천연두가 발발했을 때 파상풍에 오염된 천연두 백신을 맞은 아이들 중 9명이 사망하는 일이 있었다.[54] 이후 한 세기에 걸쳐서 백신 생산은 미국이 비교적 잘 규제하는 산업 중 하나로 서서히 탈바꿈했다. 요즘 백신의 제조와 시험은 FDA와 CDC의 감독을 받고, 백신의 안전성은 의학 한림원이 정기적으로 실시하는 독자적 검토를 통해서 평가된다. 백신 부작용 사례를 수집하는 국가 데이터베이스, 그리고 대형 의료 제공자들이 제출하는 의료 기록을 보관하는 데이터베이스가 백신을 지속적으로 감시한다.[55] 하지만 규제의 존재와 부재는 둘 다 그다지 눈에 띄지 않는다는 점에서 비슷하다.

「하늘에 있는 것 중에서 내가 못 보는 게 또 뭐가 있어?」 아들에게 전파를 설명해 줬더니, 아이는 이렇게 물었다. 나는 엑스선과 마이크로파도 알려 주었다. 그리고 라돈과 오염 물질도 알려 줘야 하나 고민하느라 잠시 말을 멎었는데, 남편이 아이에게 햇빛에 대해서 말해 주기 시작했다. 「태양 표면이 폭발할 때, 중성미자라는 아주 작은 입자가 생겨나. 중성미자들은 태양에서 지구까지 날아와서 대기로 들어오지. 중성미자는 무지 작기 때문에, 그것들이 우리 몸을 통과해서 지나가도 우리는 아무것도 못 느낀단다. 생각해 봐. 작은 태양 조각들이 늘 우리 몸으로 쏟아져 들어오는 거야! 우리 몸속에 햇빛이 있는 거야!」

보이지 않는 것들에게 바치는 이 찬가가 나는 고마울 따름이었다. 나는 막 『침묵의 봄』을 읽은 터라 머릿속이 눈에 보이지 않는 해로운 것들에 대한 생각으로 차 있었기 때문이다. 카슨은 이렇게 말했다. 〈환경이 전체적으로 오염된 오늘날, 화학 물질은 방사능보다 덜 알려졌지만 그에 뒤지지 않게 사악한 단짝으로서 세상의 성질 자체를 바꾸고 있다. 생명들의 성질 자체를.〉 이 말은 사실일지도 모르지만,

남편이 내게 환기시켰듯이 복사는 햇빛의 형태도 취한다.

보이지 않는 것에 위협을 느끼는 건 사치인 동시에 위험이다. 아들이 태어난 해의 다음 해에 677명의 아이가 총에 맞아 죽었던 시카고에서 살면서도, 나는 그보다 덜 구체적인 위협에 몰두하는 삶을 그럭저럭 이어 가고 있다. 다른 동네에서는 두 살짜리 아이들이 총알을 맞아 죽어 가는 도시에서, 나는 아이의 장난감과 주변 벽에서 벗겨진 페인트 조각에 든 위험을 걱정한다. 아이가 입는 옷에, 아이가 숨 쉬는 공기에, 아이가 마시는 물에, 내가 아이에게 먹이는 타협된 음식에 든 위험을 걱정한다.

우리가 스스로를 보이지 않는 악들에 둘러싸여 살아가는 존재로 이해한다면, 대체로 관념적인 존재로서 보이지 않는 위협으로부터 우리를 보호하는 데 전념한다고 여겨지는 면역계는 그 중요성이 부풀려지고 기능이 왜곡될 수밖에 없다. 의사 마이클 피츠패트릭이 말했듯이, 〈위험에 처한 면역계란 적대적인 세상에서 살아가는 개인이 느끼는 압도적인 취약함에 대한 은유다〉.

피츠패트릭은 면역계라는 용어는 맨 처음 도입된 시점부터 은유였을 것이라고 말한다. 의학에서 계라는 단어는 전통적으로 기관들이나 조직들의 집합을 일컬었지만, 면역계라는 용어를 처음 썼던 면역학자들은 좀 더 폭넓은 의

미로 그 단어를 사용했다. 〈면역계라는 용어는 왜 그토록 널리, 그토록 빠르게 받아들여졌을까?〉 면역학을 연구하는 역사학자 안-마리 물랭은 이렇게 물었다. 그녀가 보기에 그 답은 그 단어의 〈언어학적 융통성〉, 즉 여러 개념들과 다중적인 이해들을 포괄할 수 있는 능력에 있다. 이 용어는 과학에 도입된 지 불과 몇 년 만에 주류 언어로 편입되었고, 1970년대에는 일상적으로 쓰이게 되었다. 피츠패트릭은 이렇게 말했다. 〈원래는 면역학에서 빌려 온 용어였지만, 이 단어의 새로운 의미는 당대에 영향력이 강했던 유행들, 주로 환경 보호주의, 대체 의학, 뉴에이지풍 신비주의에서 나온 개념들로 채워졌다.〉

면역계는 또 자연 과학과 사회 과학에서 체계 이론이 등장하면서 덩달아 중요성이 커졌다. 인류학자 에밀리 마틴에 따르면, 체계 이론은 우리가 환경과 몸을 생각하는 방식에 대한 지배적인 모형으로 자리 잡았다. 예전에 우리가 몸에 대해서 제일 손쉽게 동원하는 은유는 낱낱의 부속들로 이뤄진 기계였지만, 요즘 우리는 몸을 주로 복잡한 계로 상상한다. 정교한 조절 메커니즘들이 갖춰져 있고, 민감하며, 비선형적인 장으로 상상한다.

〈몸을 복잡한 계로 생각하는 데서 나올 수 있는, 혹은 나올 법한 결과는 어떤 것일까?〉 마틴은 이렇게 묻고, 다음과 같이 설명했다. 〈첫 번째 결과는 모든 것에 대해서 책임을 느끼면서도 동시에 무력하게 느끼는 역설이라고 할 수 있을지 모른다. 말하자면, 힘을 부여받은 무력함의 상태다.〉 만일 우리가 자신의 건강에 대해서 부분적으로라도 책임을 느낀다면, 그런데 그 몸이 사회와 환경을 비롯하여 다른 복잡한 계들과 연결된 복잡한 계라는 사실을 이해한다면, 자신의 건강에 영향을 미칠지도 모르는 그 모든 요소를 다 통제한다는 건 너무나도 버거운 과업이 된다.

모든 것에 대해서 책임을 느끼지만 동시에 무력하게 느끼는 상태란 미국 시민이 된다는 데서 느끼는 감정을 묘사한 표현으로도 알맞을 것 같다. 미국의 대의 민주주의는 우리에게 힘을 부여받은 무력함의 상태를 안긴다. 이것은 물론 통치의 문제이지만, 레이철 카슨이라면 다른 문제이기도 하다고 지적할지 모른다. 그녀는 이렇게 적었다. 〈미시간의 울새나 미러미시 강의 연어에게 그렇듯이, 우리 각자에게도 이것은 생태의 문제, 상호 관계의 문제, 상호 의존의 문제이다.〉

26. 건강과 질병의 이분법

〈사람들은 모두 건강의 왕국과 질병의 왕국, 이 두 왕국의 시민권을 갖고 태어나는 법〉, 수전 손택은 『은유로서의 질병』 서문에서 이렇게 말했다. 〈아무리 좋은 쪽의 여권만을 사용하고 싶을지라도, 이르든 늦든 우리 모두는 적어도 짧은 기간이나마 자신이 저 다른 쪽 왕국의 시민이기도 하다는 사실을 깨닫기 마련이다.〉

손택이 이 글을 쓴 것은 암 치료를 받던 중이었고, 자신이 살날이 얼마나 남았는지 모르던 때였다. 나중에 그녀는 이 글을 〈상상력을 가라앉히기〉 위해서 썼다고 설명했다. 그런데 삶의 대부분을 건강의 왕국에서 보낸 사람이라면, 상상력이 진작에 고요해졌을지도 모른다. 모든 사람이 건강을 일시적인 상태로, 언제든 한마디 경고 없이 추방될 수 있는 상태로 생각하는 건 아니다. 어떤 사람들은 건강을 정체성으로 여기기를 즐긴다. 〈난 건강해〉, 우리는 서로 이렇게 말하는데, 이것은 우리가 어떤 음식은 챙겨 먹고 어떤 음식은 피한다는 것, 운동을 하고 담배를 피우지 않는다는 것을 뜻한다. 여기에는 건강은 우리가 삶을 사는 방식에 대한 보상이라는 생각, 생활 방식은 그 자체가 다양한 종류의 면역이라는 생각이 숨어 있다.

건강이 정체성이 되면, 질병은 우리에게 벌어지는 사건이 아니라 우리 자신이 된다. 내가 중학교 보건 수업에서 생활 방식이라는 단어가 쓰이는 방식을 보고 배운 바에 따르면, 생활 방식은 깨끗하거나 더러운 것, 안전하거나 안전하지 못한 것, 질병에서 자유롭거나 질병에 취약한 것이다. 중학교 보건 수업은 주로 에이즈 교육에 집중했다. 당시는 그 전염병이 등장한 지 꽤 된 시점이었기 때문에, 선생님은 우리에게 — 물론 에이즈가 어떤 경로로 전파되는지 시시콜콜 가르쳐 주면서도 — 에이즈가 가벼운 접촉으로는 퍼지지 않는다는 사실을 거듭 상기시켰다. 감염자에 대한 공감을 장려할 요량으로, 수혈을 통해 HIV에 감염된 혈우병 소년에 관한 다큐멘터리도 보여 주었다. 그 소년은 우리가 수업에서 경고받았던 위험한 행동들 중 무엇도 하지 않았고, 그 다큐멘터리의 메시지는 실제로 이 질병에 무고한 피해자가 존재한다는 걸 보여 주려는 것이었다. 그리고 그로부터 암묵적으로 따라나오는 결론은, HIV에 걸린 다른 사람들의 감염은 다 제 탓이라는 것이었다.

내 세대는 에이즈 전염병의 그늘에서 성인이 되었다. 그런데 그 사실이 우리에게 남긴 것은, 우리는 누구나 질병에 취약한 존재라는 생각이 아니라 우리가 만일 조심조심 살면서 타인과의 접촉을 제약한다면 질병을 피할 수 있다는 생각인 듯하다. 손택은 이렇게 썼다. 〈암 공포증은 우리에게 우리를 오염시키는 환경에 대한 두려움을 알려주었다. 그리고 이제 우리는, 에이즈 공포증이 당연히 가르쳐 주는 바, 우리를 오염시키는 사람들에 대한 두려움을 갖게 되었다. 성찬식 잔을 돌린다거나, 수술을 받는다는 것의 공포를. 예수 그리스도의 피든 우리 이웃의 피든, 오염된 피가 전해 주는 공포를. 생명(피, 애액)은 그 자체로 오염의 매개체이다.〉

에이즈 전염병이 야기한 불안은 백신 접종을 대하는 태도까지 물들였다. 우리가 에이즈에서 배웠듯이, 바늘은 질병을 퍼뜨릴 수 있다. 바늘 자체가 〈더러운 것〉이 되었다. 에이즈는 우리 면역계가 방해 공작에 취약하다는 것, 영구적인 장애를 안을 수도 있다는 것을 알려 주었다. 그리고 요즘 우리는 면역계를 이용하여 활동하는 백신을 잠재적 방해 공작원으로 의심한다. 백신이 자가 면역 질병을 일으키거나 아이의 면역계를 압도할지도 모른다고 걱정한다. 면역계가 〈압도될〉 수 있다는 걱정 자체도 에이즈로 거슬러 올라가는 생각이다. 내가 보건 수업에서 배웠듯이, HIV 바이러스는 T세포에 숨어서 조용히 증식하다가 이윽고 폭발적으로 제 복사본을 쏟아 내어 면역계를 압도한다. 그리고 아무리 타당성이 희박하고 관념적인 생각일지라도, 백신 자체에 다른 사람의 피와 몸이 들어 있다는 불안한 사실도 빼놓을 수 없다. 백신 생산에 관여하는 일부 성분들은 — 사람 혈청 알부민, 사람 세포에서 얻은 단백질 조각, 잔여 DNA[56] — 원래의 맥락을 박탈당함으로써 그저 다른 사람의 몸의 부스러기가 내 몸에 주입된다는 생각만을 안긴다.

에이즈 교육은 우리에게 제 몸을 다른 몸들과의 접촉으로부터 보호해야 한다고 가르쳤고, 이 가르침은 그와는 또 다른 종류의 고립, 즉 완전무결한 개인 면역계에 대한 집착을 낳은 듯하다. 스스로 면역계를 형성하고, 증강하고, 보충하는 일은 우리 시대의 문화적 강박이 되었다. 내가 아는 어떤 어머니들은 이런 노력이 백신 접종을 유효하게 대체할 수 있다고 믿고, 자신이 아이를 우수한 면역계를 가진 사람으로 키우고 있다고 믿는다. 그러나 우수한 면역계를 지닌 아이도 질병을 남에게 전달할 수는 있다. 가령 백일해는, 소아마비나 헤모필루스 인플루엔자나 HIV와 마찬가지로, 보균자라도 증상을 드러내지 않을 수 있다. 내가 한 친구에게 만일 그녀의 아이가 감염성 질병에 걸렸는데 그 때문에 스스로 앓진 않아도 더 취약한 아이에게 병을 옮겨서 앓게 만든다면 기분이 어떻겠느냐고 묻자, 그녀는 놀라서 나를 쳐다보았다. 그런 가능성은 생각도 안 해봤다고 했다.

〈면역계는 새로 태어난 사회 다원주의의 핵심으로서, 서로 다른《특질》을 지닌 사람들이 서로를 구분하게끔 해주는 기준이 된 걸까?〉 인류학자 에밀리 마틴은 이렇게 물었다.[57] 그리고 그녀는 답이 〈그렇다〉일지도 모른다고 믿는다. 그녀가 조사했던 사람들 중 일부는, 그녀의 표현을 빌리자면 〈면역 마초〉 같은 태도를 보였다. 가령 자기 면역계가 〈끝내준다〉고 말하는 식이었다. 역시 마틴이 들은 말을 인용하자면, 어떤 사람은 〈훌륭한 생활 기준을 따르지 않는 사람들에게는 백신이 필요하지만, 중산층이나 상류층 사람들의 좀 더 세련된 면역계에는 백신이 방해만 될 것〉이라고 말했다. 우리가 설령 끝내주는 면역계란 게 가능하다는 걸 인정하더라도, 백신 접종은 대개의 경우 면역계가 손상된 사람들에게 제일 위험하다는 문제가 남는다. 면역 기능이 약화된 사람은 잘 기능하는 면역계를 가진 사람들이 면역을 지녀서 자신을 질병으로부터 보호해 주는 데 의존할 수밖에 없다.

〈에이즈는 모두의 문제입니다.〉 1987년에 적십자 부총장은 이렇게 말했지만, 저널리스트 리처드 골드스타인이 지적했듯이 언론 보도는 보통의 미국인을 감염으로부터 안전한 전염병의 목격자로 설정하고서 이야기했다. 나 또한 스스로가 그런 입장을 취하고 있다는 걸, 즉 에이즈를 게이 남성과 아프리카의 문제로만 여긴다는 걸 깨달은 순간이 있었다. 이런 사고방식에서, 질병은 남들에게 벌어지는 일이다. 올바르지 못하거나 깨끗하지 못한 사람들에게만 벌어지는 일이다. 이런 태도가 에이즈를 넘어서까지 확장되었다는 것은, 역시 혈액으로 전달되는 질병인 B형 간염에 대한 백신을 신생아에게 맞히는 데 대해 분개하는 사람들이 있다는 사실에서 잘 드러난다. B형 간염 백신은 공중 보건 체계의 어리석음을 질타하는 사례로 자주 언급된다. 성 매개 감염병 백신을 신생아에게 맞히다니 얼마나 어리석은 짓이냐는 것이다.

바버라 로 피셔는 B형 간염 백신에 대해서 〈왜 250만 명의 순수한 신생아들과 아이들을 표적으로 삼는가?〉라고 물었는데, 이때 순수라는 단어에는 순수하지 않은 사람들이나 질병으로부터의 보호를 필요로 한다는 뜻이 숨어 있다. 에이즈 전염병의 시대에 성장한 우리는 에이즈가 동성애, 난잡한 성생활, 약물 중독에 대한 벌이라는 생각을 접하며 살아 왔다. 그러나 질병이 정말로 무언가에 대한 벌이라면, 그것은 오직 살아 있는 데 대한 벌일 뿐이다.

어릴 때 내가 아버지에게 무엇이 암을 일으키느냐고 물었더니, 아버지는 한참 생각하다가 이렇게 대답했다. 「생명. 생명이 암을 일으킨단다.」 암의 역사를 쓴 싯다르타 무케르지의 책을 읽기 전까지, 나는 아버지의 저 대답을 교묘한 둘러댐으로만 여겼다. 무케르지는 책에서 생명이 암의 원인일 뿐 아니라 심지어 암이 곧 우리라고 주장했다.[58] 〈그 타고난 분자적 핵심까지 속속들이, 암세포는 과잉 활동적이고, 생존 능력을 타고났고, 공격적이고, 생식력이 뛰어나고, 창의적인 우리 자신의 복사본이다.〉 그리고 그는 덧붙였다. 〈이것은 결코 은유가 아니다.〉

27. 과학 정보를 어떻게 해석해야 할까?

나는 아들의 네 살 생일에 호화로운 삽화가 곁들여진
『이상한 나라의 앨리스』를 선물했다. 그러나 그것이 아이
가 아니라 나를 위한 선물이라는 걸 깨닫기까지 그리 오래
걸리지 않았다. 아들은 앨리스가 책 초반에서 도도와 재담
을 주고받을 때부터 벌써 지루해했다. 앨리스가 방향 감각
을 잃고 당황하는 대목은 어른들의 세계에서 아이로 살아
가는 아들의 마음에 닿는 내용일 거라고 기대했지만, 오히
려 정보의 세계에서 항해하는 내 경험에 닿는 데가 있었다.
이상한 나라에서 길을 잃는 건 낯선 주제를 공부하는 것과
비슷한 느낌이고, 조사는 필연적으로 토끼 굴일 수밖에 없
다. 나는 면역을 조사하면서 그 속으로 빠졌고, 떨어지고
또 떨어져, 그 굴이 예상했던 것보다 훨씬 더 깊다는 걸 발
견했다. 앨리스처럼, 나는 평생 읽어도 다 못 읽을 책들이

가득한 서가를 지나서 계속 떨어졌다. 앨리스처럼, 나는 잠긴 문들 앞에 도달했다. 「나를 마셔요.」 한 자료는 이렇게 명령했다. 「나를 먹어요.」 다른 자료는 이렇게 명령했다. 둘은 상반되는 효과를 낳았다. 나는 몸이 커졌다가 줄었고, 믿게 되었다가 믿지 않게 되었다. 나는 울고 또 울었고, 그 결과 내 눈물 속에서 헤엄치는 처지가 되었다.

조사 초기에, 백신의 유해 가능성에 관한 소송 세 건이 7년 동안 법정을 헤매다가 마침내 판결이 내려졌다는 기사를 읽었다. 세 사건은 이른바 〈백신 법정〉이라고 알려진 미국 연방 배상 청구 법원 특별 부서에 제소된 5천여 건의 비슷한 소송들 중에서 근거가 제일 강하다고 보여 선택된 것들이었고, 그 판례들은 자폐증이 백신 피해로 간주될 수 있는지 여부를 결정하는 데 기준 사례로 쓰일 것이었다.[59]

백신 법정의 입증 책임은 비교적 가벼운 편이다. 사례를 청취하도록 특별 임명된 변호사들은 〈개연성이 없기보다는 있는 편에 가깝다〉는 것을 판결 기준으로 삼는다. 특별 심사관 중 한 명의 말을 빌리자면, 확률이 〈50퍼센트 하고 깃털만큼 더〉 있으면 사실로 인정된다는 식이다. 그런데도 세 시험 사례 모두에서 백신 접종이 자폐증을 일으킨다는 주장에 대한 증거는 불충분한 것으로 드러났다. 반면 그 주장을 반박하는 증거는, 한 특별 심사관의 말을 빌리자면

〈파묻힐 만큼 많았다〉. 특별 심사관 데니즈 바월은 〈콜턴 스나이더 대 보건 복지부HHS〉 판결문에서 이렇게 말했다. 〈콜턴의 상태가 MMR 백신 때문이라고 결론 내리려면, 객관적 관찰자는 루이스 캐럴의 하얀 여왕을 흉내 내어 아침 먹기 전에 불가능한 일을 (혹은 적어도 확률이 대단히 낮은 일을) 여섯 가지 믿을 수 있어야 할 것이다.〉

물론 문제는, 확률이 대단히 낮은 일을 믿는 것쯤은 누구나 아침 먹기 전에 해치우는 일이란 점이다. 과학이 스릴 넘치는 이유는 확률이 낮은 일도 실제로 가능하다는 걸 알려 주는 데 있다. 가령 아픈 소에서 짜낸 고름을 사람의 상처에 집어넣으면 그 사람이 치명적인 질병에 면역을 갖게 된다는 생각은 1796년이나 요즘이나 거의 믿기 힘든 이야기다. 과학을 다룰 때, 우리는 이상한 나라에 있다. 이것은 평범한 사람들뿐 아니라 과학자들에게도 마찬가지인 듯하다. 다만 과학자가 아닌 우리 일반인들이 다른 점이라면, 여느 뉴스가 그렇듯이, 과학의 나라에서 우리에게까지 보고되는 뉴스는 우리가 이미 품고 있던 두려움을 뒷받침하는 것일 때가 많다는 점이다.

나는 임신한 뒤로 지금까지 자폐증이 가족의 주거지와 고속도로와의 근접성, 산모의 항우울제 복용, 수정 시점에 아버지의 나이, 산모가 임신 중에 인플루엔자에 감염되었는지 여부 등과 연관성이 있을지도 모른다고 주장하는 글을 숱하게 읽었다. 그러나 그중 어느 가설도 백신과 자폐증의 연관성을 주장하는 단 하나의 확정적이지 않은 연구에 쏟아졌던 언론의 관심만큼 많은 관심을 받진 못했다. 작가 마리아 포포바는 이렇게 말했다. 〈오늘날의 미디어 문화는 과학적 이해의 씨앗을 왜곡시킴으로써 비만 유전자나 언어 유전자 혹은 동성애 유전자가 발견되었다는 선정적이고 단정적인 기사 제목으로 바꿔 내고, 사랑이나 공포나 제인 오스틴을 감상하는 자질이 뇌의 어느 부위에 있는지 알려 주는 뇌 지도를 그려 낸다. 과학의 원동력은 답에 매달리는 게 아니라 무지를 받아들이는 것이란 사실을 알면서도 말이다.〉

백신 접종에 대해서 조사하다가 정보에 파묻힐 지경이 된 나는 때로 정보 자체도 파묻힌다는 사실을 알아차렸다. 나는 H1N1 백신에 스콸렌이 들었다는 뜬소문의 출처를 찾다가 관련 기사가 실린 웹사이트와 블로그를 수십 개 발견했는데, 살펴보니 모두 원래 조지프 머콜라라는 의사가 써서 자기 웹사이트에 올렸던 〈스콸렌: 돼지 독감 백신의 더러운 비밀이 공개되다〉라는 제목의 똑같은 글이었다. 머콜라의 글이 웹에서 유행했을 때는 H1N1 범유행병의 초기 단계였다. 그때나 지금이나 그 글들은 오류가 정정되지 않은 상태로 게재되었다. 그러나 내가 2009년 가을에 머콜라의 웹사이트에서 그 글을 찾았을 때는, 미국에서 배포되는 H1N1 백신에는 스콸렌이 들어 있지 않다고 알리는 정정 문구가 글머리에 덧붙어 있었다. 그것은 사소한 수정이 아니었지만, 글은 수정되기 전에 퍼져 나갔다. 마치 바이러스처럼, 글은 스스로를 거듭 복제하면서 그보다 더 믿을 만한 백신 관련 정보들을 파묻어 버렸다.

미생물의 특수한 종류를 가리키는 용어로 쓰이기 전 수백 년 동안, 바이러스라는 단어는 무엇이든 질병을 퍼뜨리는 것을 좀 더 일반적으로 가리키는 말로 쓰였다. 고름이든, 공기든, 심지어 종이까지도. 요즘은 컴퓨터 부호 조각이나 웹사이트의 내용이 바이러스가 될 수 있다. 그러나 사람을 감염시키는 바이러스와 마찬가지로, 바이러스 같은 글도 숙주가 없이는 번식하지 못한다.

숙주를 확보한 오보는 인터넷에서 일종의 불멸을 누리며 언데드가 된다. 내가 다른 어머니들에게 그들이 백신 접종에 대해 결정할 때 근거로 쓰는 정보를 좀 알려 달라고 부탁했을 때 맨 처음 받았던 기사는 로버트 F. 케네디 주니어의 글 「치명적인 면역」이었다. 그 글은 잡지 『롤링 스톤』에 게재되었다가 온라인에서는 『살롱』 웹사이트에 실렸는데, 내가 읽은 시점에는 이미 다섯 가지 중요한 정정 사항이 덧붙어 있었다. 그로부터 일 년 뒤, 『살롱』은 아예 글을 내려 버렸다. 편집자는 그런 이례적인 결정을 내린 것에 대해서 그 글이 사실뿐 아니라 논리에도 흠이 있었는데 논리의 흠은 바로잡기가 더 어렵기 때문이라고 설명했다. 그러나 『살롱』의 한 전직 편집자는 철회 결정을 비판하며, 『살롱』 웹사이트에서 글을 내린다고 해서 사람들이 그 글을 못 읽는 건 아닌 데다가 — 수많은 다른 사이트에 실려 있으니까 — 오히려 유일하게 수정된 버전을 삭제한 꼴만 되었다고 말했다.

과학자들이 즐겨 말하듯이, 과학에는 〈자기 교정〉 능력이 있다. 선행 연구에서 저질러졌던 오류가 이상적인 경우에는 후속 연구에서 밝혀진다는 뜻이다. 과학 기법의 기본 원칙 중 하나는 연구 결과가 반드시 재현 가능해야 한다는 것이다. 소규모 연구의 결과는 그보다 규모가 더 큰 연구에서 반복되어야 한다. 그러기 전까지 첫 결과는 앞으로 좀 더 조사해 보자는 제안에 불과하다. 대개의 연구는 그 자체만으로는 엄청나게 의미 있거나 하지 않으며, 그것을 둘러싼 다른 연구들로부터 의미를 얻거나 잃는다. 그리고 의학 연구자 존 이오아니디스는 〈학술지에 발표된 연구 결과는 대부분 거짓이다〉라고 주장했다.[60] 이유는 여러 가지

이지만 편향, 연구 규모, 연구 설계, 연구자가 묻는 질문 자체 등이 있다. 그렇다고 해서 우리가 지금까지 발표된 연구들을 몽땅 무시해야 한다는 뜻은 아니다. 이오아니디스가 결론 내린 것처럼, 〈중요한 건 증거 전체〉라는 뜻일 뿐이다.

우리가 지식을 몸으로 상상한다면, 몸의 일부가 맥락으로부터 뜯겨 나갔을 때는 뻔히 해로울 것임을 알 수 있다. 백신을 둘러싼 토론에서는 이런 식의 절단이 상당히 자주 벌어진다. 전체 연구가 지지하지 않는 어떤 입장이나 생각을 지지하기 위해서 개별 연구를 내세우는 것이다. 생물학자 칼 스완슨은 〈모든 과학은 강에 비유할 수 있다〉고 말했다. 〈그것은 눈에 띄지 않은 채 소박하게 시작된다. 조용한 구간이 있는가 하면 급류가 있고, 가물 때가 있는가 하면 한껏 찰 때도 있다. 그것은 많은 연구자의 작업을 통해서 기세를 얻고, 다른 생각들의 흐름을 받아들여 유량을 불린다. 점진적으로 진화하는 개념들과 일반화들을 통해서 차츰 더 깊어지고 넓어진다.〉

우리가 과학적 증거를 알아볼 때는, 정보 전체를 고려해야 한다. 수역 전체를 조사해야 한다. 그리고 만일 그것이 방대하다면, 어느 한 사람이 하기에는 불가능한 일이 된다. 의학 한림원에 제출할 2011년 백신 부작용 보고서를 작성하기 위해서 동료 심사를 거친 논문 12,000편을 점검하는 일에는 의학 전문가 18명으로 구성된 위원회가 꼬박 2년을 들여야 했다. 그 위원회에는 연구 기법 전문가, 자가 면역 질병 전문가, 의료 윤리학자, 아동 면역 반응에 대한 권위자, 아동 신경학자, 뇌 발달 연구에 전념하는 연구자 등이 포함되어 있었다. 그들의 보고서는 백신이 비교적 안전하다는 사실을 확인한 것은 물론이거니와 오늘날 우리에게 주어진 정보를 항해하는 데 어떤 종류의 협동이 필요한지도 보여 주었다. 우리는 혼자서는 알 수 없다.

영국에서 『드라큘라』가 출간된 1897년은 교육 개혁으로 문해율이 유례없이 치솟은 뒤였다. 정보는 이전과는 다른 방식으로 움직이고 있었고, 이전에는 가 닿지 못했던 사람들에게 가 닿고 있었다. 당시는 또 새로운 기술들이 속속 나타나서 사람들의 생활 방식을 바꾸던 때였다. 한마디로 요즘 우리가 사는 시대와 크게 다르지 않은 시대였다. 『드라큘라』에는 타자기를 비롯하여 당대의 많은 발명품이 등장한다. 한 등장인물의 말을 빌리자면 소설의 배경은 〈19세기, 말 그대로 현재〉이지만, 그 인물은 불길하게도 이런 말을 덧붙인다. 〈그러나 내 지각에 이상이 없다면, 아직도 지난 세기들이 힘을 행사하고 있다. 현대성으로 제압

할 수 없는 과거의 힘이 살아 있는 것이다.〉『드라큘라』의 여주인공은 일하는 여성이다. 그녀는 자기 일기를 직접 타이핑하고, 그 밖의 다른 많은 문서도 베껴 둔다. 그 문서들을 다 모은 게 바로 이 소설이다. 이야기의 플롯이 타자기에 크게 의존한다는 점을 고려할 때, 『드라큘라』는 부분적으로나마 정보 복제 기술에 관한 이야기이기도 하다. 그리고 그 기술이 악에 대한 선의 승리에 기여한다는 점에서, 브램 스토커는 그런 기술을 낙관적으로 바라보았던 듯하다. 하지만 소설의 플롯을 추진하는 동인은 현대적 삶의 불확실성에 대한 불안인 데다가, 1897년의 한 서평이 지적했듯이 뱀파이어는 결국 중세의 방식으로 처단된다. 영국인이 뱀파이어의 머리를 베고 미국인이 보이 나이프로 뱀파이어의 심장을 꿰뚫는 방식으로.

『드라큘라』에는 어느 한 명의 서술자가 없다. 이야기는 한자리에 수집된 일기, 편지, 신문 기사를 통해서 펼쳐진다. 각 문서는 드라큘라의 행동 중 일면을 목격했던 한 사람의 관찰을 기록한 것이고, 그 관찰들을 하나로 모았을 때야 비로소 주인공들이 자신들의 상대가 뱀파이어라고 결론 내리기에 충분한 증거가 떠오른다. 책에서 아주 일찍감치 한 인물은 처음 드라큘라를 만난 뒤 그의 손이 차가웠다며 〈살아 있는 사람의 것이라기보다는 죽은 사람의 손처럼 느껴졌다〉고 일기에 적지만, 드라큘라가 언데드라는 사실은 그보다 훨씬 더 나중에서야 폭로된다. 모든 문서를 다 읽고 있는 독자는 필연적으로 책 속의 누구보다도 훨씬 먼저 사태를 파악한다.

뱀파이어 추적자들은 점차 불어나는 문서에 대해서 자주 언급한다. 마치 그것이 없으면 자신들의 관찰도 존재할 수 없다는 것처럼. 문예 비평가 앨런 존슨은 〈기록된 경험 지식은 미지의 수수께끼와의 싸움에서 근본적인 가치를 갖는다는 주장이 텍스트 전반에서 집요하게 제시된다〉고 말했다. 드라큘라는 질병인 것 못지않게 미지의 존재이다. 소설은 우리가 아는 것을 우리는 어떻게 아는가 하는 질문을 던진다. 이것은 독자를 동요시키기 위한 의도적인 질문이고, 한 세기가 흐른 지금도 우리를 동요시키는 질문이다.

런던을 떠나기 직전, 드라큘라 백작은 추적자들이 모아온 문서들의 원본, 즉 그들의 관찰이 보관된 일기들과 편지들과 기록들을 죄다 불길에 던져 넣음으로써 그들에게 복수한다. 남은 것은 그 문서들을 타이핑한 복사본뿐이고, 우리는 그 복사본이 방금 우리가 읽은 책이란 걸 안다. 이것은 원본이 아니라 복사본이기 때문에, 책의 결말에서 한 인물이 마지막으로 남긴 글에서 말하듯이 믿어서는 안 되는 것이다. 그는 이렇게 적었다. 〈우리는 이 문서들을 그

황당무계한 사건의 증거로 받아들여 달라고 누군가에게 부탁하고는 싶었지만, 여간해서 할 수가 없었다.〉

지식은 속성상 늘 불완전하다. 과학자 리처드 파인먼은 우리에게 〈과학자는 결코 확신하지 않는다〉고 알려 주었다.[61] 그리고 시인 존 키츠가 주장하듯이, 시인도 마찬가지다.[62] 키츠는 불확실한 것을 감당해 내는 능력을 〈부정적 능력〉이라는 표현으로 묘사했다. 시인인 내 어머니는 내가 어릴 때부터 이 능력을 내 안에 심어 주셨다. 어머니는 〈네 자신을 지워야 한단다〉라고 말씀하시는데, 이것은 내가 안다고 생각하는 것을 버릴 줄 알아야 한다는 뜻이다. 혹은 라이너 마리아 릴케가 『젊은 시인에게 보내는 편지』에서 썼던 것처럼 〈문제들을 직접 살아 보십시오〉라고 표현할 수도 있다. 어머니가 내게 일깨우듯이, 이것은 시에서뿐 아니라 어머니 노릇에서도 필요한 능력이다. 우리는 아이들이 우리에게 제기하는 문제들을 몸으로 살아 내야 한다.

28. 모르는 것이 주는 두려움

네 살이 된 직후, 아들은 꼭 무거운 신생아처럼 내 품에 안겨 자고 있었다. 그동안 의사는 이제 몇 가지 음식 알레르기까지 포함된 아이의 알레르기가 건강에 심한 위협이 될 수 있다는 사실을 내게 명심시켰다. 내가 직접 했던 관찰이 그 진단을 이끈 근거 중 하나였으면서도, 나는 아이를 내려다보면서 나 자신도 의사도 의심했다. 잠든 아이는 전혀 위협받지 않는 듯한 모습이었다. 의사가 진료실을 나간 뒤, 간호사가 와서 만에 하나 아이가 견과류에 목숨이 위태로운 반응을 보일 경우 써야 할 거라며 에피펜* 사용법을 알려 주었다. 「어떤 심정인지 알아요.」 간호사는 내 눈에 차오른 눈물을 보고 그렇게 말했고, 주사기로 자기 허벅지

---

* 알레르기성 쇼크의 응급 처치에 쓰이는 아드레날린제 에피네프린을 스스로 주사할 수 있도록 만들어진 자가 주사제.

를 힘차게 찌르는 척하면서 시험을 보여 주었다. 「쓸 일이 없기를 바랍니다.」 나중에 나는 의사가 준 정보를 꼼꼼히 성실하게 읽었지만, 그러면서도 이 일은 사실이 아니고 음식이 아이를 해칠 리 없다는 믿음을 남몰래 간직했다.

의사가 아들이 피하는 게 좋다고 권고한 대상들의 기나긴 목록을 훑던 중, 한 항목이 유독 눈을 끌었다. 계절성 독감 백신이었다. 계란 알레르기가 있는 아이들은 계란 속에서 성분을 길러 내는 이 백신에 반응할 수 있다.[63] 아들은 이미 독감 백신을 맞아 보았고 계란도 잔뜩 먹어 보았지만, 어쨌든 나는 백신이 아이에게 특별한 위험이 될 수도 있다는 가능성에서 아이러니를 읽어 냈다. 그리스 신화의 논리에 따라, 면역에 대한 내 관심이 어떻게 해서인지는 몰라도 내 아이에게 면역 기능 이상을 불러온 게 아닐까 하는 의심이 들었다. 어쩌면 내가 아이에게 가련한 이카루스처럼 연약한 날개를 준 것일지도 몰랐다.

이런 두려움을 의사에게 발설하진 않았지만, 내가 뭘 했기에 아이에게 알레르기가 생긴 거냐고 묻기는 했다. 나는 손상을 되돌리고 싶었다. 최소한 저지하고 싶었다. 내 탓이 아닐지도 모른다는 생각은 처음엔 들지도 않았다. 자신도 어머니인 의사는 충분히 시간을 들여, 알레르기의 원인이 수수께끼이긴 하지만 어쨌든 내가 다르게 할 수 있었던 건 없었을 거라고 말해 주었다. 나도 알레르기가 있고, 남편도 있으니, 만일 내 탓이라고 한다면 그저 내가 지닌 유전 물질 탓이라고 의사는 말했다. 이 말은 나를 만족시키지 못했다. 이후 알레르기에 대해서 알게 된 다른 어떤 사실도 마찬가지였다. 그리고 알레르기에 대해서 우리가 아는 바는 아주 적은 것 같았다.

대니얼 디포의 『흑사병 돌던 해의 일기』에는 화자가 질병이 어떻게 희생자를 고를까 궁금해하는 대목이 있다. 그는 다른 사람들과는 달리 그것이 그저 〈하늘에서 뚝 떨어진 운〉이라고는 믿지 않는다. 그것은 〈감염을 통해서, 즉 의사들이 에플루비아라고 부르는 모종의 증기나 연기를 통해서, 숨을 통해서, 아니면 땀을 통해서, 아니면 환자의 상처에서 나는 악취를 통해서, 아니면 아마 의사들조차 모르는 다른 방식을 통해서……〉 한 사람에게서 다른 사람에게로 전달된다고 확신한다. 실제로 흑사병이 벼룩에 의해 전파된다는 사실을 의사들이 알기까지는 그로부터 150년이 넘게 흘러야 할 것이었다.

흑사병이 도는 동안, 디포의 화자는 무언가가 감염을 일으키고 있다는 걸 이해한다. 그리고 세균론도 살짝 떠올리지만, 곧바로 기각한다. 〈보이지 않는 생물이 숨을 통해서,

심지어 땀구멍을 통해서 공기와 함께 몸으로 들어와서 그 속에서 심각한 급성의 독을 생산하거나 내놓는다〉는 생각은 그에게 그럴싸하지 않은 얘기로 들린다. 그는 흑사병에 걸린 사람이 유리 조각에 대고 숨을 뱉으면 〈그 속에 살아 있는 생물들이 들어 있어서, 현미경으로는 그 희한하고 괴물 같고 무서운 형상들, 용, 뱀, 서펀트, 악마를 닮아서 눈 뜨고 보기 끔찍한 것들을 목격할 수 있다는〉 이야기를 들은 적이 있다. 하지만 그는 〈그 이야기의 진실성을 대단히 의심한다〉고 적었다. 흑사병에 대면했으나 자신의 관찰을 이해할 방도가 없으니, 그에게 남은 것은 그럴싸하지 않은 이론들과 순전한 추측들뿐이었다. 수백 년이 지난 지금, 나는 그의 곤란한 처지가 기이하리만치 친숙하게 느껴진다.

선(腺)페스트는 아직 존재하지만, 이제 더는 역병이 아니다. 오늘날 세계에서 제일 많은 목숨을 앗는 질병은 심장 질환, 뇌졸중, 호흡기 감염, 에이즈이고, 이 중에서 역병으로 묘사되곤 하는 것은 에이즈밖에 없다. 수전 손택이 지적했듯이, 어떤 질병을 역병으로 만드는 것은 그 질병이 앗아 가는 목숨의 수가 아니다. 역병으로 격상되려면, 질병에게 특별히 두렵거나 무서운 면이 있어야 한다. 나는 그동안 살면서 신종 질병이 대대적으로 보도되는 걸 숱하게 겪었지만, 에볼라나 사스나 서(西)나일 바이러스나

H1N1에 위협을 느끼진 않았다. 아들이 아기였을 때 나는 자폐증이 두려웠는데, 그 병은 특히 사내아이들 사이에서 역병처럼 번지는 것처럼 느껴졌다. 그리고 아이가 알레르기를 하나둘 드러내기 시작했을 때, 나는 무서움을 느꼈다. 역병이 갖춰야 할 최후의 조건은 내 삶과의 근접성일지 모른다.

나는 『흑사병 돌던 해의 일기』를 읽다가 친구에게 물었다. 「네 주위에서 사람들이 병으로 죽어 나가는데 그 원인을 모르고, 전파 경로도 모르고, 다음 차례가 누가 될지도 모른다는 걸 상상할 수 있겠어?」 말을 채 맺기도 전에, 친구는 에이즈 전염병의 절정기에 샌프란시스코에서 살았으며 당시 그가 아는 거의 모든 사람이 거의 아무것도 알려지지 않았던 그 병으로 죽어 가는 걸 직접 목격했다는 사실이 떠올랐다. 1989년의 샌프란시스코는 1665년의 런던과 크게 다르지 않아, 친구가 내게 일깨워 주었다.

나중에, 아마도 런던의 흑사병이 내 시대와 장소에 이토록 가깝게 느껴지면서도 동시에 이토록 멀게 느껴진다는 사실에 여태 적응하지 못한 터라, 나는 같은 질문을 아버지에게 또 물었다. 「상상하실 수 있어요?」 아버지의 침묵으로 보아, 상상하실 수 있다는 걸 알 수 있었다. 아버지는 매일 환자를 본다. 역병은 아버지의 눈앞에서 끝없이 펼쳐

진다. 「그래도 창문으로 시체가 떨어지고 그러진 않잖아
요.」 나는 희망적인 말을 건넸다. 「집단 무덤을 파고 그러
진 않잖아요.」

「맞아, 하지만 우리는 폭탄의 씨앗을 뿌리고 있지.」 아버
지의 대답이었다. 아버지가 말하는 건 항생제 내성 세균이
었다. 오늘날의 항생제 남용은 몸에서 쫓아내기 어려운 균
주들을 등장시키는 결과로 이어졌다. 클로스트리디움 디
피실레*Clostridium difficile*라는 균은 아예 이름부터 그 어
려움을 따서 지어졌다.* C. 디피실레의 경우, 감염의 90퍼
센트 이상이 항생제 적용 후 나타난다. 아버지는 병원에서
보는 환자들 중 걱정스러울 정도로 많은 수가 내성 세균에
감염되어 있다고 말했다.

항생제 내성 세균의 만연과 신종 질병의 등장은 21세기
의 공중 보건 위협들 중에서 수위를 차지한다. 둘 중 하나
는 우리 안에서 오는 위협이고, 현대적 의료의 결과다. 다
른 하나는 밖에서 오는 위협이고, 우리 의학으로 예상할
수 없는 결과다. 둘 다 우리가 품은 가장 근원적인 공포를
건드린다. 그러나 둘 중에서도 신종 질병은 낯선 타자와
미래에 대한 불안의 은유로 쓰일 수 있기 때문에, 더 좋은
기삿거리가 된다. 내가 이 글을 쓰는 동안, 두 가지 신종 질

* 라틴어 단어 〈디피실레〉는 〈어렵다, 까다롭다〉는 뜻이다.

병이 대서특필되었다. 하나는 중국에서 발생한 조류 인플루엔자고, 다른 하나는 사우디아라비아에서 처음 검출된 신종 코로나 바이러스다. 현 시점에서 가장 위협적인 신종 질병인 후자에게는 중동 호흡기 증후군이라는 유감스러운 이름이 붙었다.

20세기에는 세 차례의 굵직한 인플루엔자 범유행병이 기록되었는데, 개중 1918년 스페인 독감 범유행병은 제 1차 세계 대전보다 더 많은 사망자를 냈다. 그 유행병은 몸을 압도해 버리는 면역 반응을 일으켰기 때문에, 특히 면역계가 강한 청년들에게 치명적이었다. 2004년, 세계 보건 기구 총장은 또 다른 굵직한 범유행병이 닥칠 수밖에 없다고 단언했다. 「그건 벌어지느냐 마느냐의 문제가 아니라 시기의 문제야.」 생명 윤리학자 친구는 내게 말했다. 그런 가능성이 늘 감돌고 있다 보니, 언론은 신종 인플루엔자가 발병할라치면 곧잘 수선을 피우며 관심을 보인다. 아예 언론이 공포를 조장하는 수준까지 기울 때도 있다. 하지만 인플루엔자가 설령 중국 조류 독감이나 돼지 독감처럼 새로운 이름을 달고서 낯설거나 동물적인 존재로 둔갑하더라도, 우리는 그것을 역병으로까지 상상하진 않는 듯하다. 인플루엔자는 미지의 공포를 일으키기에는 너무 흔하다. 낯선 타자에 대한 공포를 야기하기에는 그다지 이국적이지 않고 멀지도 않다. 우리의 자아 감각을 위협할 만큼 외형을 심하게 손상시키지도 않는다. 도덕적 반감이나 처벌의 위협을 유발하는 방식으로 퍼지지도 않는다. 한마디로 인플루엔자는 다른 공포들에 대한 썩 좋은 은유로 기능하지 못한다. 그러니 그냥 그 자체로 무서워야만 한다.

소아과 의사 폴 오핏은 자기 일에 대해서 나와 인터뷰하던 중, 얼마 전 두 아이가 인플루엔자로 입원한 걸 봤다는 말을 꺼냈다. 둘 다 아동 백신 접종 일정표의 모든 백신을 맞았지만 딱 하나 독감 백신만은 맞지 않았는데, 결국 둘 다 인공 심폐 장치를 다는 처지가 되었다. 한 아이는 살았고, 다른 아이는 죽었다. 「그런데 바로 다음 날 누가 진료실로 와서 〈그 백신은 맞고 싶지 않아요〉라고 말한다면, 그 결정을 존중할 맘이 나겠습니까?」 오핏은 내게 물었다. 「두려움은 존중할 수 있어요. 백신에 대한 두려움은 이해할 만합니다. 하지만 그런 결정은 존중할 수 없어요. 그건 쓸데없는 위험을 지는 겁니다.」

2009년 H1N1 인플루엔자 범유행병이 더 많은 사망자를 내지 않았다는 사실은 이상하게도 가끔 공중 보건의 실패로 간주된다. 밥 선생님은 〈H1N1 독감을 둘러싼 과대 선전과 공포는 결국 근거 없는 것으로 밝혀졌다〉고 말했다. 범유행병은 실제 가능했던 것만큼 심각하지 않았지만,

시시하지도 않았다. H1N1의 사망자는 150,000명에서 575,000명 사이였고, 개중 절반 이상은 공중 보건 조치가 부실한 동남아시아와 아프리카 사람들이었다. 부검에 따르면, 이전까지 건강했다가 독감에 걸려 죽은 사람들 중 다수는 자신의 면역 반응 때문에 사망했다. 자신의 몸이 자신의 폐에 채운 물에 익사했다.

독감 예방 조치가 실제 위험에 비례하지 않았다는 불평은 예측 불가능한 바이러스에 대한 대응보다는 미국이 이라크에서 벌이는 군사 행동에 더 어울리는 말인 것 같다.[64] 비판자들은 독감에 대비하여 백신을 맞는 게 어리석은 선제공격이었다고 말한다. 그러나 보건에서의 선제공격은 전쟁에서의 선제공격과는 다른 효과를 낳는다. 예방적 보건 조치는 이라크에 대한 선제공격처럼 지속적인 충돌을 낳는 게 아니라, 더 많은 보건 조치가 필요 없게끔 만들 수 있다. 어느 쪽이든, 전쟁에 대한 예방이든 질병에 대한 예방이든, 예방은 미국의 강점이 못 된다. 『시카고 트리뷴』은 1975년에 이렇게 꼬집었다. 〈예방 의학이라는 개념은 약간 비미국적이다. 그것은 우선 우리 자신이 우리 적임을 인식해야 한다는 뜻이다.〉

2011년, 유럽에서 쓰였던 H1N1 백신에 대한 연구에서 그 백신이 핀란드와 스웨덴에서 기면증 발병률을 높였다는 결과가 나왔다. 초기 보고서에 따르면 핀란드에서는 그 백신을 접종받은 십 대 12,000명 중 약 1명꼴로 기면증을 일으켰고, 스웨덴에서는 33,000명 중 약 1명꼴로 일으켰다. 조사는 아직 진행 중이고 알아내야 할 것이 더 많지만, 특히 그 백신이 정확히 어떻게 특정 연령 집단과 인구에서 기면증을 일으켰는지를 알아야겠지만, 이미 이 사건은 우리 자신이 우리 적이라는 기존의 공포를 확인해 주는 증거가 되었다. 백신의 문제는 의학의 필연적인 결함을 보여 주는 증거가 아니라 우리가 정말로 스스로를 망가뜨릴 것임을 보여 주는 증거가 되었다.

손택은 이렇게 썼다. 〈오늘날 종말은 장기 시리즈물이 되었다. 《지옥의 묵시록》이 아니라 《지옥의 묵시록, 지금부터 계속되는》인 것이다. 종말은 일어나기도 하고 일어나지 않기도 하는 사건이 되어 버렸다.〉 불확실한 종말의 시대에, 아버지는 스토아 철학을 읽는 데 취미를 붙였다. 종양학자의 취미로서 별로 놀랍진 않다. 아버지가 스토아 철학에 끌린 이유는, 내게 설명하신 데 따르면, 우리가 자신에게 벌어지는 일을 통제할 순 없지만 그 일에 대한 감정은 통제할 수 있다는 생각 때문이다. 장 폴 사르트르의 말을 빌리자면, 〈자유란 주어진 것에 대한 행함〉이다.

우리에게 주어진 것은 무엇일까? 무엇보다도 우리는 두

려움을 갖게 된 것 같다. 그렇다면 이 두려움으로 무엇을 할까? 내게 이 질문은 시민이 된다는 것과 어머니가 된다는 것 둘 다에 있어서 핵심적인 문제처럼 느껴진다. 어머니로서 우리는 어떻게 해서든 우리의 힘과 우리의 무력함을 조화시켜야만 한다. 우리는 아이를 어느 정도까지 보호할 수 있다. 하지만 우리 자신을 전혀 취약하지 않게 만들 순 없는 것처럼, 아이도 전혀 취약하지 않게 만들 순 없다. 도나 해러웨이가 말했듯이, 〈인생이란 취약성의 기간이다〉.

29. 의학적 신중함과 사회적 편견

드라큘라가 영국에 도착한 뒤 낸 첫 희생자는 젊고 아름다운 여성이었다. 그녀는 아침마다 쇠약하고 창백한 상태로 발견되었지만, 계속 수혈을 받아 목숨을 이었다. 다행히 그녀를 사랑하는 남자가 셋 있었고, 그들은 모두 기꺼이 피를 제공했다. 한 남자는 일기에 이렇게 적었다. 〈생명수와도 같은 피가 사랑하는 여인의 혈관 속으로 흘러 들어갈 때 어떤 느낌이 드는지는, 직접 체험한 사람이 아니고서는 결코 알 수 없으리라.〉 드라큘라는 아리따운 여자들을 좋아했지만, 우리가 아는 한 사랑을 느끼진 않았다. 브램 스토커의 드라큘라가 뱀파이어가 된 것은 프랜시스 포드 코폴라가 영화로 각색하면서 암시했듯이 영생을 바쳐 단 하나의 진정한 사랑을 찾기 위해서가 아니었다. 드라큘라는 늘무정했다. 블라드 체페슈라는 인간의 몸으로 현현했을 때도 마찬가지였다. 게다가 무엇보다 드라큘라는 사람이라기보다는 질병의 화신이다. 그리고 그를 쫓는 뱀파이어 추적자들은 사람이라기보다는 의학에 대한 최선의 충동을 뜻하는 은유다. 뱀파이어는 피를 빨고, 뱀파이어 추적자는 피를 준다.

헌혈을 하려고 팔을 쭉 뻗고 기다리면서, 나는 이 구분에 대해서 생각해 본다. 요즘 망토를 쓰는 걸 좋아하게 된 아들은 나쁜 편과 착한 편 이야기를 좋아한다. 내가 대부분의 사람들은 둘 다에 해당한다고 끈질기게 알려 주어도 말이다.[65] 우리는 뱀파이어이면서 뱀파이어 추적자이고, 망토를 쓴 사람이면서 쓰지 않은 사람이다. 스티븐 킹의 딸 나오미 킹의 말이 떠올랐다. 언젠가 그녀는 자신이 장르로서 호러를 좋아하진 않지만 우리가 어떻게 괴물과 친구가 되느냐 하는 신학적 문제에는 관심이 있다고 말했다. 「우리가 타인을 악마화하면, 그래서 서로를 괴물로 만들고 괴물처럼 행동하면, 게다가 우리는 누구나 그럴 능력이 있지요, 그렇다면 어떻게 스스로 괴물이 되지 않을 수 있겠어요?」

「피 더 줘?」 요전에 아들은 이렇게 물은 뒤, 안 쓰는 연기 감지기의 전지 단자를 내 팔에 대고 누르면서 수혈을 흉내 냈다. 작업이 완료되자 아이는 자랑스럽게 말했다. 「이제 아무것도 안 먹어도 돼.」아이는 내가 뱀파이어라고 생각했던 것이다. 그리고 어떤 면에서 나는 정말 그렇다. 내가 여기 헌혈하러 온 것은 내 뱀파이어성에 대한 해독제가 될까 해서였다. 나는 또 익명의 기증자로부터 받았던 빚을 갚기 위해서 와 있다. 나는 지금 맞은편 의자에 앉은 사람들을 바라보면서, 그 기증자가 어떤 사람이었을지 상상해 본다. 근육질 남자가 플래시 카드를 살펴보고 있고, 중년 여자가 소설을 읽고 있으며, 양복을 입은 남자가 자기 전화기를 들여다보고 있다. 우리가 기차를 기다릴 때도 똑같이 볼 법한 사람들이지만, 여기 이들에게는 이타주의의 아우라가 휘감겨 있다.

사람들이 헌혈하는 이유는 사적인 이득으로 설명될 수 없다는 것, 그것만큼은 우리가 안다. 그렇다고 해서 헌혈로 이득을 얻는 사람이 아무도 없다는 건 아니다. 미국을 포함하여 적잖은 나라들에서는 헌혈에 〈보상〉을 제공하는 게 흔한 관행이다. 2008년에 적십자는 〈조금 주고 많이 사세요〉라는 구호로 헌혈 운동을 벌였는데, 헌혈자에게 1,000달러짜리 상품권을 딸 수 있는 기회를 주는 캠페인이었다. 〈조금 주고 많이 사세요〉는 우리 시대 미국인의 삶의 주제와 우리가 즐기는 명절의 취지를 요약한 표현으로도 보인다. 그러나 경제학자들의 연구에 따르면, 보상은 도리어 헌혈 의욕을 꺾을 수도 있다. 한 연구는 헌혈에 대한 보상이 그냥 하고 싶어서 헌혈하려는 사람들에게 모욕감을 안길 수도 있다고 결론 내렸다.

맞은편 사람들에게 바늘이 꽂히는 모습을 보면서, 나는 모두가 아주 순간적으로 얼굴을 찡그리는 걸 알아차린다. 나는 헌혈이 겁난다. 그리고 저 사람들은 나보다 더 흔쾌히 헌혈에 나섰으리라고 상상하며 앉아 있었기 때문에, 그들의 얼굴에 그런 표정이 스치는 걸 보고 놀랐다. 간호사가 내 팔에 바늘을 꽂을 때, 내 얼굴도 똑같은 표정을 짓는 게 느껴진다. 나도, 역시, 그것이 싫다, 나는 속으로 생각한다.[66] 『드라큘라』의 그 남자가 떠오른다. 그는 사랑하는 여자에게 피를 주면서 성적 쾌감과 비슷한 기분을 느낀 뒤에 일기에 적었다. 〈아무리 기꺼이 헌혈을 하는 사람이라도 막상 피가 자기 몸에서 빠져나가면 무서운 느낌이 드는 법이니까.〉

맞은편 근육질 남자가 현기증을 느낀다고 해서, 간호사가 그의 의자를 젖혀 준다. 나도 헌혈이 끝나고 살짝 현기증이 느껴져서, 쿠키가 쌓인 탁자에 앉아 잠시 눈을 감았다. 18세 이상이어야 한다는 헌혈 조건을 간신히 만족시키는 것 같은 두 젊은 남자가 옆에 와서 앉는다. 한 남자가 다른 남자에게 왜 헌혈하느냐고 묻는다. 상대의 대답은 이렇다. 「계속 전화가 와. 내 피가 모든 사람에게 필요한 특별한 혈액형이래.」 질문했던 남자가 그게 무슨 혈액형이냐고 묻는다. 「RH 마이너스 O형.」

나는 눈을 떠서 나와 혈액형이 같은 젊은 남자를 보고, 그의 피부가 짙은 색이란 걸 확인한다. 혈액형은 물론 조상의 혈통에 따르겠지만, 그것은 당연히 우리의 인종 구분과는 일치하지 않는다. RH- O형은 중앙아메리카와 남아메리카 토착민들, 그리고 오스트레일리아 애버리진 원주민들에게 제일 흔하다. 서유럽과 아시아 일부 지역에서도 꽤 흔한 편이다. 우리는 모두 하나의 대가족이다.

〈사람들은 자신의 피를 저장해 두게 됐다. 미래에 필요할지도 모르니 말이다.〉 수전 손택은 1989년에 이렇게 한탄했다. 〈이름도 알지 못하는 사람에게 자신의 피를 주는 것은 우리 사회에서 볼 수 있는 이타적인 행동의 본보기였다. 그러나 이제는 위험한 일이 되어 버렸다. 주인을 알지 못하는 피를 받는다는 것에 사람들은 더 이상 확신을 갖고 있지 못하다. 에이즈는 성을 둘러싼 미국의 도덕주의를 강화해 주는 유쾌하지 못한 결과만을 빚은 게 아니다. 에이즈는 흔히 〈개인주의〉로 찬양되는 것보다 훨씬 더 심한 이기심의 문화를 더욱더 견고하게 만들어 놓기도 했다. 오늘

날, 이기심은 의학적 신중함이라는 추가의 부양책을 얻은 셈이다.〉

그 의학적 신중함은 역사적으로 몇몇 추악한 태도들과 교차했다. 14세기에 유럽 인구의 절반 이상을 죽였던 흑사병 기간 중, 폭도는 공중 보건의 미명하에 유대인들을 산 채로 태워 죽였다. 기독교인들을 해치기 위한 상상의 음모에 대한 기록이 공개되자 유대인 공동체 수백 곳이 파괴되었는데, 그 기록이란 고문을 못 견뎌서 자신이 우물에 독을 풀어 흑사병을 퍼뜨렸다고 자백한 유대인들로부터 짜낸 것이었다. 브램 스토커가 드라큘라 백작을 오똑한 코에 금을 잔뜩 갖고 있는 동유럽 출신으로 그린 걸 보면, 그는 드라큘라가 유대인으로 읽히도록 의도한 것 같다. 그 사실을 노골적으로 밝히기 위해서, 배우 벨라 루고시의 드라큘라는 아예 다윗의 별을 달고 있었다.

스토커의 『드라큘라』 서두에서, 드라큘라 백작은 얼마 전 런던에 부동산을 샀다고 나온다. 그 거래를 마무리하기 위해서 트란실바니아로 찾아간 젊은 변호사는 드라큘라가 영어 실력을 완성하는 데 관심이 있다는 걸 발견한다. 성의 서재에는 영국 역사와 지리에 관한 책이 가득하고, 드라큘라는 심지어 영국 기차 시간표까지 읽는다. 그는 영구 이주를 계획하는 듯하다. 그래서 소설은, 이후 펼쳐지는 이야기에서, 감염뿐 아니라 이민자에 대한 두려움에도 호소한다.

외부자, 이민자, 팔다리가 없는 사람, 얼굴에 낙인이 찍힌 사람을 피하는 건 오래된 질병 예방 전술이다. 그리고 자연히 그것은 질병이란 우리가 타자로 정의한 자들이 만들어 내는 거라는 오랜 믿음을 더더욱 부추긴다. 손택이 썼듯이, 〈매독은 영국인들에게는《프랑스 발진》이었으며, 파리 사람들에게는《독일 질병》, 피렌체 사람들에게는 나폴리 질병, 일본인들에게는 중국 질병이었다〉. 타자성과 질병의 이런 융합은 우리 뇌에 새겨진 속성이라고 말하는 사람들도 있을 것이다. 진화 심리학자들은 〈행동 면역계〉라는 표현을 쓰면서, 이것이 우리로 하여금 타인의 신체적 차이나 특이한 행동에 몹시 민감하게 반응하도록 만든다고 말한다.

행동 면역계는 우리에게 아무 위험을 가하지 않는 사람들에 대해서도 쉽게 작동을 개시한다. 우리는 비만이나 장애와 같은 신체적 차이를 지닌 사람들에게 질병 회피 전략을 시행할 수도 있고, 이민자나 게이 남성처럼 우리와는 다른 문화를 따르는 집단에게 시행할 수도 있다. 최근 미국 의학 협회AMA가 밝혔듯이, 1983년에 제정된 게이 남성 헌혈 금지 조항은 이제 의학적 신중함으로서 그 효력이 다

한 걸 넘어서 지금은 그냥 단순한 차별로만 보인다. 그리고 사람들이 편견으로 기우는 경향성은 스스로가 특히 취약하다고 느끼거나 질병에 대해서 위협을 느낄 때 좀 더 강화된다고 한다. 일례로 한 연구에 따르면, 임신한 여성은 임신 초기 단계에서 외국인 혐오를 좀 더 많이 드러낸다. 슬프게도 우리는 자신이 취약하다고 느낄수록 좀 더 편협해지는 것이다.

H1N1 독감 범유행병이 절정이던 2009년 가을, 한 연구진은 사람들이 질병으로부터 보호받는다고 느낄수록 편견으로부터도 보호받을지 모른다는 가설을 시험해 보았다. 연구진은 독감 백신을 맞은 사람들과 맞지 않은 사람들로 두 집단을 꾸렸다. 두 집단 모두에게 독감의 위험을 과장한 기사를 읽혔더니, 백신 접종자들은 미접종자들에 비해 이민자에 대한 편견을 덜 드러냈다.

이어서, 연구자들은 백신 접종자들이 품고 있는 백신에 대한 이해를 조작할 경우 그들이 편견으로 기우는 경향성이 어떻게 달라지는지 살펴보았다. 그랬더니 〈계절성 독감 백신은 사람들에게 계절성 독감 바이러스를 주입하는 작업이다〉처럼 백신을 오염의 관점에서 설명한 글을 읽혔을 때는 질병을 우려하는 사람들의 편견이 더 강화되었지만, 〈계절성 독감 백신은 사람들을 계절성 독감 바이러스로부터 보호한다〉처럼 백신을 보호의 관점에서 설명한 글을 읽혔을 때는 그렇지 않았다. 두 진술은 둘 다 사실이지만, 두 진술이 야기한 태도는 서로 달랐다. 연구진은 손 씻기에 관한 실험을 하나 더 수행한 뒤, 세 실험 결과에서 일관된 패턴을 확인할 수 있었다고 보고하며 이렇게 말했다. 〈독감 같은 육체적 질병에 대한 치료법은 편견 같은 사회적 병폐를 치료하는 데도 쓰일 수 있다.〉

우리가 편견을 백신으로 예방하거나 손을 씻듯이 씻어낼 수는 없을 것이다. 우리가 스스로를 보호하지 못하는 질병은 늘 존재할 테고, 그런 질병은 늘 우리로 하여금 자신의 두려움을 타인에게 투사하도록 유혹할 것이다. 하지만 그래도, 나는 여전히 백신 접종에는 의학을 초월한 이유들이 있다고 믿는다.

30. 면역은 우리가 함께 가꾸는 정원이다

그리스 신화의 나르키소스는 잘생긴 사냥꾼으로, 남들이 베푸는 사랑에 마음이 움직이지 않는 청년이었다. 에코라는 님프가 그를 쫓아 온 숲을 누비며 그의 이름을 불렀지만, 그는 그녀의 구애를 거부했다. 홀로 배회하던 에코는 결국 숲에 울리는 다른 목소리들에게 대답하는 희미한 목소리로만 남았다. 복수의 신은 나르키소스의 잔인함을 벌하기로 했다. 그래서 그를 물가로 이끌었고, 그는 물에 비친 제 모습과 사랑에 빠져 버렸다. 자기 자신에 대해서 상사병에 걸린 나르키소스는 하염없이 물을 응시하다가 죽었다.

물가의 나르키소스를 그린 그림은 〈자기에 대한 고찰: 면역과 그 너머〉라는 주제를 특집으로 삼은 2002년 4월 『사이언스』의 표지 그림이었다. 자기self는 면역학의 기본 개념이다. 면역학의 지배적인 이론에 따르면, 면역계는 자기와 비자기를 구별할 줄 알아야 하고 그다음에 비자기를 제거하거나 보호막에 가둘 줄 알아야 한다. 『사이언스』서두에 실린 글은 나르키소스 신화가 자기를 알아보는 능력의 중요성을 지적하는 은유라고 설명했다. 그러나 이 신화에 대한 좀 더 명백한 해석은, 우리가 자기에게만 과도하게 몰두하여 남들의 아름다움을 음미할 줄 모를 때 어떤 일이 벌어지는지를 경고하는 이야기로 읽는 것이다.

나는 비자기nonself라는 용어가 혼란스럽게 느껴지면서도 그 애매함이 재미있게도 느껴진다. 언데드가 산 자와 죽은 자의 중간을 뜻하는 말로 보이는 것처럼, 비자기는 자기와 타자의 중간을 뜻하는 말로 보인다. 비자기는 인간 존재를 묘사하는 적절한 표현일지도 모른다. 세포 개수로만 따질 때, 우리 몸에는 자기보다 타자가 더 많이 담겨 있다. 한 면역학자가 재치 있게 말했듯이, 외계인이 우주에서 우리를 내려다본다면 인간이란 미생물의 운송 수단에 지나지 않는다고 합리적으로 결론 내릴지도 모른다. 그러나 미생물이 우리를 이용하는 것 못지않게 우리도 미생물을 이용한다. 미생물은 우리의 소화를 돕고, 비타민 합성을 거들고, 해로운 세균의 증식을 막아 준다. 우리가 미생물에게 얼마나 많이 의지하는지를 고려하자면, 엄밀한 의미에서는 그들을 〈타자〉로 여기지 않는 게 온당할 것 같다.

자기와 비자기의 구분에 대한 내 개인적 이해를 혼란에 빠뜨렸던 임신은 꽤 오랫동안 면역학자들에게도 수수께끼였다. 왜 여성의 몸이 자기 안의 비자기를 〈참아 주는가〉 하는 것은 20세기 대부분의 기간 동안 풀리지 않는 수수께끼였다. 1980년대에 등장한 한 가지 별난 가설은 섹스가 예방 접종처럼 기능한다고 주장했다. 자궁으로 주입된 정자가 마치 백신처럼 작용함으로써 태아가 가하는 위협으로부터 여성을 막아 준다는 것이었다. 이 가설은 결국 폐기되었고, 그 대신 선호된 가설은 태아가 사실은 어머니의 몸을 공유하는 게 아니라는 생각이었다. 마치 여성의 장과 폐에 깃들어 살아가는 미생물처럼, 태아는 그저 보호막에 감싸인 채 어머니의 몸속에 깃들어 있을 뿐이라는 생각이었다. 이 생각이 좀 더 다듬어져서, 미생물이나 태아가 안식처를 누릴 수 있는 건 여성의 몸이 그것들을 위험한 존재로 보지 않기 때문이라는 이론으로 발전했다.

1994년, 면역학자 폴리 마칭어는 위험에 연관된 패턴이나 신호가 면역 반응을 일으킬지도 모른다는 가설을 제안했다. 마칭어에 따르면, 이른바 위험 모형은 〈면역계가 이질적인 것보다 위험한 것을 더 걱정한다는 생각에 바탕을 둔다〉. 이 생각을 받아들인다면, 면역계의 임무는 비자기를 감지하는 게 아니라 위험을 감지하는 것이다. 면역학자들이 이미 확인했듯이, 자기도 때로는 위험할 수 있고 비자기도 때로는 무해할 수 있다.

「이건 사실 반항적인 생각은 아닙니다. 다른 방식으로 보는 것뿐입니다.」 마칭어는 『뉴욕 타임스』와의 인터뷰에서 자신의 이론을 이렇게 설명했다. 「어떤 공동체의 경찰이 자신이 초등학교 때 만났던 사람은 다 받아들이지만 새로 온 이민자는 다 죽여 버린다고 상상해 보세요. 이게 자기/비자기 모형입니다. 한편 위험 모형에서는, 관광객도 이민자도 다 받아들여집니다. 그들이 유리창을 깨기 전에는요. 그들이 그런 짓을 벌여야만, 비로소 경찰이 나서서 그들을 제거합니다. 창을 깬 사람이 외국인인지 동네 사람인지는 중요하지 않습니다. 그런 행동은 무조건 용납되지 않고, 파괴적인 개인은 제거됩니다.」 마칭어는 면역계가 위험 감지에 혼자 일하지 않고 신체 조직들의 네트워크와 끊임없이 소통하면서 일한다는 가설을 제안했다. 그녀는 그것을 〈대가족〉이라고 부른다. 만일 우리가 그 가족의 관계를 더 잘 이해한다면, 즉 몸이 여러 자아들과 어떻게 대화하는지를 더 잘 이해한다면, 마칭어의 말마따나 〈우리는 잃었던 자기 감각을 새롭게 되찾을 수 있을지도〉 모른다.

자궁은 무균 상태다. 따라서 출산은 최초의 예방 접종이다. 아기는 산도를 통과하면서 미생물을 얻고, 그 미생물은 이후 오랫동안 아기의 피부와 입과 폐와 장에서 서식한다. 우리 몸은 출생 시점부터 이후에도 계속 공유된 공간이다. 그리고 생애 초기에 필수 미생물을 모두 획득하지 못하는 건 아이의 건강에 오래가는 영향을 미칠 수 있다. 우리는 자기 안의 비자기를 〈참아 주기만〉 하는 게 아니라, 그것에 의지하고 그것 덕분에 보호받는다. 이 말은 우리가 세상에서 더불어 살아가는 또 다른 비자기들에게도 적용되는 것처럼 보인다.

다양성은 모든 생태계의 건강에 꼭 필요하다. 하지만 우리가 인종 다양성에 대해서 쓰는 언어는, 특히 관용이라는 단어는, 타인이란 본질적으로 골칫거리라는 속뜻을 담은 듯한 데다가 우리가 서로를 필요로 하고 서로에게 의지한다는 현실을 가려 버린다. 「걔네는 눈이 먼 게 아니에요.」 아들은 두더지를 가리켜 이렇게 말한다. 「그냥 못 보는 것뿐이에요.」 어쩌면 사람에 대해서도 똑같이 말할 수 있을 것이다. 우리는, 마틴 루서 킹이 상기시켰던 것처럼 우리 모두가 〈벗어날 수 없는 상호성의 그물에 얽혀 있다는 사실〉을 종종 못 보곤 한다.

구별을 면역계의 가장 핵심적인 기능으로 보지 않는 위

험 모형마저도 우리 몸속에 살인을 저지르는 경찰이 들어 있다는 상상은 허락한다. 그러나 과학자들은 이미 우리가 언젠가는 바람직하지 않은 세균을 죽이기보다는 바람직한 세균을 육성함으로써 감염에 대응할 수 있으리라는 이론을 내놓았다. 우리는 싸우지 않고 질병과 싸울 수 있을지도 모른다. 내가 이 이야기를 읽은 기사의 제목은 〈몸속 미생물 정원을 가꾸다〉였다. 이 은유에서, 몸은 이질적이고 낯선 것이라면 모조리 공격하는 전쟁 기계가 아니다. 우리가 적절한 환경에서 다른 많은 미생물과 함께 균형을 이루어 살아가는 정원이다. 몸의 정원에서, 우리가 제 속을 들여다볼 때 발견하는 것은 자기가 아니라 타자다.

〈우리는 정원을 가꿔야 한다.〉부제가 〈혹은 낙관주의〉인 볼테르의 『캉디드』의 마지막 줄에서 캉디드는 이렇게 말한다. 1759년에는 낙관주의가 새로 생긴 단어였다. 그것은 이 세상은 신이 만드신 것이니 가능한 모든 세상 중 최선의 세상임에 틀림없다는 철학을 가리키는 말이었다. 볼테르는 『캉디드』에서 그런 종류의 낙관주의를 비웃고, 더불어 다른 모든 것까지 비웃는다. 이성과 합리주의마저도 ── 그것들은 볼테르의 이름을 후대에 남긴 계몽주의 사상의 토대임에도 불구하고 ── 비웃음을 모면하지 못한다. 『캉디드』는 합리주의가 비합리적일 수 있다고 말한다. 그리고 인간이 이성을 행사하면서도 결코 계몽되지 못한 상태로 남을 수도 있다고 말한다.

세상을 주유하기 시작했던 때, 젊은 캉디드는 낙관주의를 쉽게 포용할 수 있었다. 그때까지 그가 살았던 삶은 안락했기 때문이다. 그는 여행하면서 전쟁, 자연재해, 강간, 교수형을 목격한다. 한 손과 한 다리가 없는 노예를 만난다. 노예는 그에게 〈이것은 당신들이 유럽에서 먹는 설탕에 대해서 우리가 치르는 대가죠〉라고 말한다. 캉디드는 의문하기 시작한다. 〈만일 이것이 가능한 최선의 세상이라면, 다른 세상들은 대체 어떻단 말인가?〉 그러나 책은 해피엔드로 끝맺는다. 캉디드와 친구들은 ─ 투옥과 매춘을 겪고 매독과 흑사병에 시달렸던 이들이다 ─ 함께 작은 텃밭을 일구어 자신들의 정원에서 난 열매를 즐긴다.

플로베르는 『캉디드』의 결말이 훌륭하다고 말했는데, 왜냐하면 〈인생 그 자체처럼 한심하기〉 때문이라고 했다. 여동생과 나는 둘 다 『캉디드』를 처음 읽었던 순간을 기억하지만, 그 결말을 어떻게 이해해야 좋을지는 둘 다 잘 모른다. 최소한 동생은 자정에는, 그러니까 내가 동생에게 『캉디드』를 해석해 달라고 요구했던 그 시각에는 잘 모르는 것 같았다. 「그냥 무슨 뜻인지 모르겠다고 말해야 해.」 동생은 졸린 목소리로 내게 조언했다. 나는 그 결말이 무슨 뜻인지 모른다. 다만 우리가 더 이상 낙관적이지 않을 때 가꾸는 정원이 세상으로부터의 도피처가 아니라 세상을 가꾸는 장소라는 뜻이었으면 하고 바랄 뿐이다.

정원의 은유를 우리의 사회적 몸으로까지 확장하면, 우리는 자신을 정원 속의 정원으로 상상할 수 있다. 이때 바깥쪽 정원은 에덴이 아니고, 안락한 장미 정원도 아니다. 그 정원은 몸이라는 안쪽 정원, 그러니까 우리가 〈좋고〉 〈나쁜〉 균류와 바이러스와 세균을 모두 품고 있는 곳 못지않게 이상하고 다양한 곳이다. 그 정원은 경계가 없고, 잘 손질되지도 않았으며, 열매와 가시를 모두 맺는다. 어쩌면 우리는 그것을 야생이라고 불러야 할지도 모른다. 혹은 공동체라는 말로 충분할지도 모른다. 우리가 사회적 몸을 무엇으로 여기기로 선택하든, 우리는 늘 서로의 환경이다. 면역은 공유된 공간이다. 우리가 함께 가꾸는 정원이다.

주

1 접종하다inoculate라는 단어에는 넓은 의미로 〈합류하다, 통합하다〉라는 뜻이 있다. 그보다 좁은 의미는 세균을 사람의 몸에 집어넣는다는 뜻이다. 예방 접종inoculation에는 백신 접종vaccination뿐 아니라 종두variolation, 즉 천연두를 일부러 감염시켜서 면역을 유도하는 기법도 포함된다. 나는 이 단어가 의학 학술지에서 아기가 떨어뜨린 고무 젖꼭지를 아기에게 돌려주기 전에 보호자가 제 입에 넣었다 빼는 행동을 가리키는 말로 쓰이는 것도 보았다. 그럼으로써 보호자의 세균을 아기에게 전달하려는 것이다.

2 아들이 태어난 뒤, 나는 다른 어머니들과 끊임없이 대화를 나누게 되었다. 그리고 우리의 대화 주제는 종종 어머니됨 그 자체였다. 그 어머니들은 어머니 노릇이 얼마나 광범위한 문제를 제기하는지를 내가 이해하도록 도와주었다. 나는 그들에게 진 빚을 인식하는 의미에서, 책에서 부모라는 단어를 쓸 수도 있었던 모든 대목에 어머니라는 단어를 썼다. 나는 면역이라는 주제를 좀 더 복잡하게 만들어 준 여자들을 향하여 이 글을 썼고, 이 글은

또한 그들로부터 나왔다. 그렇다고 해서 내가 면역은 전적으로 여자들만의 관심사라고 믿는 건 아니다. 나는 다만 다른 어머니들에게 직접 말을 걸고 싶다. 이른바 〈엄마 전쟁mommy wars〉을 통해서 여자들을 서로 맞대결시키기를 즐기는 문화에서, 나는 다른 종류의 논쟁에 대한 기록도 조금은 남겨 둘 필요성을 느꼈다. 이 논쟁은 생산적이고, 필수적이다. 준말인 엄마mommy가 암시하는 것처럼 작은 존재로 우리를 축소시키지 않는 논쟁이고, 전쟁을 닮지 않은 논쟁이다.

3 1997년, 잡지 『인사이트 온 더 뉴스』는 걸프전 증후군이 무엇보다도 탄저병 백신에 든 스콸렌과 연관되어 있을지 모른다고 주장하는 일련의 기사를 실었다. FDA와 국방부에 따르면 탄저병 백신에는 스콸렌이 첨가되지 않지만, 몇몇 실험실 검사에서 그 물질이 미량 검출되기는 했다. FDA가 실시한 시험에서, 연구자들은 그 미량이 검사자에게서 나왔을지도 모른다고 추측했다. 〈스콸렌이 포함된 지문 기름을 유리 실험 기구에서 제거하기는 어렵기 때문에, 일부 백신 묶음에 실제 스콸렌이 들어 있었는지 아니면 검사 과정에서 들어간 것인지는 알아내기 어렵다.〉

4 아들이 아기일 때부터 백신 접종을 둘러싼 갖가지 은유를 듣다 보니, 수전 손택의 에세이 『은유로서의 질병』을 다시 읽고 싶어졌다. 그다음에 나는 손택이 그로부터 십 년 뒤에 썼던 『에이즈와 그 은유』를 처음 읽어 보았다. 이 에세이에서 손택은 〈물론 사람들은 은유 없이 사고할 수 없다〉고 말한다. 손택은 『은유로서의 질병』을 쓴 것은 은유에 반대하기 위해서가 아니란 것, 그저 암에 대한 진실을 드러내기보다 가려 버리는 거추장스러운 은유들을 그 질병으로부터 떼어 내기 위해서라는 걸 똑똑히 밝혔다.

조지 레이코프와 마크 존슨은 『삶으로서의 은유』에서 〈문화에 은유를 부여하는 사람들은 우리가 무엇을 진실로 여기게 되는 지를 정의한다〉고 말했다. 은유에 대한 내 생각은 그 책, 그리고 제임스 기어리의 『나는 타자다: 은유의 비밀스런 삶, 그리고 은유는 우리가 세상을 보는 방식을 어떻게 형성하는가』에서 영향을 받았다. 나는 이 책을 쓰는 동안 『에이즈와 그 은유』를 무수히 반복해서 읽었기 때문에, 손택을 내가 이 책을 쓰기 위해서 대화를 나눴던 여러 어머니들 중 한 명으로 여긴다.

5   사람 유두종 바이러스HPV는 미국과 전 세계에서 제일 흔한 성 매개 감염병이자 자궁 경부암의 유일한 원인이다. 모든 여자아이가 11세나 12세에 HPV 백신을 맞도록 권고한 CDC의 2006년 성명은 그 백신 때문에 십 대들의 성생활이 활발해질지도 모른다는 우려를 널리 일으켰다. 2012년 『소아과학』에 게재된 연구 「11세에서 12세 아이들에게 사람 유두종 바이러스 백신을 접종시킨 것이 아이들의 성적 활동에 미친 결과」에 따르면, 난잡한 성생활은 그 백신의 부작용이 아닌 것으로 드러났다.

6   브램 스토커는 마크 트웨인의 유명한 말, 〈신앙이란 진실이 아닌 줄 알면서도 그걸 믿는 일이다〉를 살짝 바꿔서 인용한 것이었다.

7   집단 면역이라는 용어가 처음 쓰인 것은 1923년이었다. 처음 쓴 사람은 생쥐의 세균 감염을 조사하던 연구자들이었다. 집단 면역의 개념 자체는 훨씬 이전부터 알려져 있었지만, 그 의미가 완전히 이해된 것은 백신 접종이 광범위하게 이뤄짐으로써 가령 인구의 90퍼센트 미만만 디프테리아 백신을 맞더라도 발병률이 99.99퍼센트나 줄 수 있다는 사실이 밝혀진 뒤였다. 역학 연구자 폴 파인은 집단 면역 문헌을 검토한 논문 「집단 면역: 역사,

이론, 실천」에서 〈간접적 보호가 발생한다는 건 논리 면에서나 관찰 면에서나 명백한 사실이다〉라고 말했다. 그는 또 집단 면역에 대한 예외로 보이는 현상들이 일반 원리를 반증하는 것은 아니며, 그저 특정 환경에서는 집단 면역이 취약할 수 있음을 보여 주는 것뿐이라고 설명했다.

8 아들의 첫 소아과 의사를 다른 의사로 바꾼 뒤에야, 첫 의사를 추천했던 사람들이 댄 이유가 그 의사는 환자들에게 표준 예방 접종 일정표를 따르라고 요구하지 않는다는 것 하나뿐이었다는 사실이 기억에서 떠올랐다. 사람들은 그래서 그를 〈좌파〉라고 정의했던 것이지만, 내게 그의 태도는 오히려 전형적인 정치적 우파에 가깝게 느껴졌다.

9 다른 말이 없을 경우, 내가 책에서 인용한 질병 통계는 모두 CDC나 WHO에서 가져왔다.

10 백신이 도입되기 전, B형 간염은 매년 20만 명을 감염시켰고 미국인 약 100만 명이 만성 감염된 상태였다. 1991년에 신생아에 대한 백신 접종이 정례화된 뒤 B형 간염 감염률은 82퍼센트 감소했지만, 아직도 미국인 80만 명에서 140만 명 사이가 만성 감염 상태다.

11 수혈로 B형 간염에 걸릴 위험은 대단히 작다. 적십자의 추산에 따르면, 20만 명 중 1명꼴에서 50만 명 중 1명꼴 사이다. 아주 작은 위험이기는 해도, 아마 영아가 B형 간염 백신에 심한 알레르기 반응을 일으킬 위험보다는 클 것이다. CDC는 후자이 위험을 약 110만 명 중 1명꼴로 추정한다.
    확률이 아무리 희박하더라도 내가 수혈로 B형 간염에 걸려서 갓난아기에게도 옮길 가능성이 있었다는 사실은, 처음 머리에 떠올랐을 때 몹시 걱정스러웠다. 그러나 더 나중까지 나를 심란하게 만든 점은, 내가 아들에게 그 백신을 맞히지 않기로 결정했을 때 미처 고려하지 못한 요소가 아주 많았다는 사실이었다. 나는 아이의 건강을 내 건강과 결부해서, 혹은 공동체 전체의 건강과 결부해서 생각해 보진 못했었다.

12 마이클 윌리히가 『천연두: 미국의 역사』에서 썼듯이, 이 집단 발병기에 돌았던 천연두는 좀 더 온화한 신종 균주였다. 이 병은 가끔 수두로 착각되거나 아예 새로운 병으로 여겨졌다. 신종 질병이라고 여겨질 때는 외부자나 이민자와 연관되었고, 그래서 〈쿠바 가려움증〉, 〈푸에르토리코 가려움증〉, 〈마닐라 딱지〉, 〈필리핀 가려움증〉, 〈깜둥이 가려움증〉, 〈이탈리아 가려움증〉, 〈헝가리 가려움증〉 같은 이름으로 불렸다.

13 20세기 초 천연두의 역사를 다룬 책에서, 마이클 윌리히는 미국의 식민화 노력은 부분적으로나마 백신 접종을 통해서 가능했다고 주장했다. 미국이 필리핀과 푸에르토리코에서 실시한 백신 접종 캠페인은 겉으로는 원주민들의 건강을 위한다는 명목이었고, 그럼으로써 점령군 주둔을 정당화하는 근거로도 쓰였지만, 또한 그곳을 점령자들에게 안전한 장소로 만들어 주는 결과를 낳았다. 필리핀에서 강제 백신 접종이 불법이 된 건 미군이 필리핀인 수백만 명을 강제로 접종시킨 뒤였다.

14 나디아 두어바흐가 『신체적 문제: 1853~1907년 영국의 백신 접종 반대 운동』에서 지적한 바, 의무 백신 접종법이 실제 시행되기 시작한 건 1867년에 접종 거부자에게는 벌금을 물릴 수 있다고 명시한 또 다른 법이 제정된 뒤였다.

15 〈슈퍼리치들의 응석을 받아 주는 걸 그만두라.〉 2011년에 『뉴욕

타임스』는 세제 개혁을 요구하는 워런 버핏의 글을 이런 제목으로 크게 실었다. 세금 제도는 우리가 좀 더 취약한 사람들을 무시하면서 특권 있는 사람들을 집단적으로 보호하는 여러 방법 중 하나일 뿐이다. 버핏은 이렇게 적었다. 〈워싱턴의 입법가들은 이것을 비롯한 여러 축복을 우리에게 쏟아붓는다. 그들은 우리가 점박이 올빼미나 다른 멸종 위기종이라도 되는 것처럼 우리를 보호해야 한다고 느낀다.〉

16 2010년 『소아과학』에 발표된 논문 「2008년 샌디에이고에서 접종률 높은 인구에 발생한 홍역 집단 발병: 의도적인 불완전 접종자의 역할」에 따르면, 이 집단 발병을 다스리는 데 공공 부문이 쓴 비용은 124,517달러였다. 여기에는 사흘간 입원했던 아기의 의료비 14,458달러, 미접종 자녀가 바이러스에 노출된 뒤 21일간 격리되어야 했던 가족들이 그로 인해 잃은 수입과 지출된 비용은 포함되지 않았다. 연구는 이렇게 결론지었다. 〈백신 접종률이 전체적으로 높은 지역이라도, 의도적인 불완전 접종 아동이 몰려 있는 곳에서는 홍역이 집단 발병할 수 있다. 그래서 공중 보건 당국, 의료계, 시민들이 큰 비용을 치를 수 있다.〉

17 내게 이 〈재조합〉 과정을 설명해 준 면역학자에 따르면, 어느 한 사람이 모든 질병에 반응하는 유전 물질을 다 지닌 경우는 없다. 하지만 우리가 집단적으로는 유전적 다양성을 충분히 갖추고 있기 때문에, 인류 전체는 어떤 질병이든 견딜 수 있다.

18 이 보고서의 제목은 〈백신의 유해 사례: 증거와 인과〉이고, 의학 한림원 웹사이트에서 전체를 내려받을 수 있다. 위원회는 백신 유해 사례일 가능성이 있는 사건 158건을 조사했지만, 개중 신빙성 있는 증거를 발견한 건 9건뿐이었고 더구나 그중에서도 4건은 수두 백신을 맞고 수두에 걸린 것과 관계된 사건이었다.

활용할 수 있는 모든 과학 증거를 취합하는 데 걸린 2년 동안, 위원회는 아무 보상 없이 일했다. 내가 위원장 엘런 클레이턴에게 그들의 동기는 무엇이었느냐고 묻자, 그녀는 이렇게 대답했다. 「오로지 선의에서였다고 대답하고 싶고 그 말도 분명 사실이지만, 또 다른 요인은 이것이 미국의 정책 형성에 관여할 수 있는 기회라는 점입니다. 백신에 관련해서는 역사적으로 정책 결정자들이 의학 한림원이 제출한 여러 보고서에 크게 의존해 왔습니다.」

의학 한림원은 비영리 독립 연구 조직으로, 정부 공무원들과 대중이 믿을 만한 정보에 의지하여 보건에 관한 결정을 내리도록 돕는 것을 사명으로 삼는다. 그 구성원은 동료들에 의해 선출된 의료 전문가들로, 한림원의 연구에 자신의 시간과 전문성을 무상 기부한다. 위원회에 참가하는 사람들에 대해서는 이해의 충돌을 점검하는 심사가 이뤄지며, 외부 전문가들이 위원회의 작업을 다시 검토한다. 1986년, 의회는 백신 접종의 위험을 정기적으로 점검하는 일을 의학 한림원에 맡겼다. 2011년 보고서는 12번째 점검이자 이제까지 실시된 모든 점검 중에서 제일 큰 규모였다.

19 폴 슬로빅의 책 『위험 판단 심리학』에 대해서 캐스 선스타인이 쓴 서평 「공포의 법칙」을 보면, 슬로빅과 선스타인이 같은 정보에서 다른 결론을 끌어낸다는 점이 드러나서 더욱 재미있다. 슬로빅은 보통 사람들에게 좀 더 너그러운 편이고, 평범한 사람들의 위험 평가가 전문가들의 평가와 다르게 만드는 복잡한 가치체계를 분석하는 데 좀 더 흥미가 있다. 선스타인은 참을성이 그보다 적다. 특히 일반 대중의 잘못된 위험 평가가 위험을 증대시키는 결과를 낳는 사례들에 대해서 그렇다.

선스타인은 보통 사람들이 위험에 대해 생각할 때 몇몇 흔한 실수를 저지르는 경향이 있다고 지적한다. 우리는 낯선 것의 위험 은 과장하고, 낯익은 것의 위험은 축소한다. 그리고 슬로빅이 연 구에서 확인했듯이, 위험한 것은 편익이 적고 유익한 것은 위험 이 적다고 믿는 경향이 있다. 우리는 손 소독제가 위험이 적을 것이라고 느끼기 때문에 그 편익을 부풀려서 믿어 버린다. 그리 고 만일 백신의 위험이 높다고 믿으면, 백신은 효과가 없다고 믿 어 버린다.

20 샘 로버츠의 기사 「통계 데이터에 따르면 미국인은 누구이고 무 엇을 하는가」에 실렸던 이 정보는 미국 통계국의 2007년 통계 요록에서 가져왔다. 로버츠가 지적했듯이, 요록의 표들에 실린 원 데이터는 오해를 낳을 수 있다. 〈예를 들어, 부상에 관련된 소 비재를 나열한 표는 침대에 관련된 부상이 자전거에 관련된 부 상만큼 많이 일어나는 한 가지 이유가 침대를 사용하는 사람이 더 많기 때문이란 사실을 말해 주지 않는다.〉

21 우리가 대체 의학에 의지하는 이유가 이것 말고는 없다고 말하 려는 건 아니다. 다만 나는 대체 의학이 우리의 공포를 이용하여 마케팅하는 방식에 흥미가 있을 뿐이다. 그런 마케팅에는 약간 의 아이러니가 있다. 이른바 킬레이트 치료법을 통해서 몸에서 독소를 정화한다는 데 쓰이는 화학 물질이 그 자체에 독성이 있 는 것으로 밝혀진 사례처럼 말이다.
미국의 대체 의학은 1830년대의 〈대중 건강 운동〉에서 비롯했 다. 바버라 에렌라이크와 디어드리 잉글리시가 『그녀를 위해 서』에서 말했듯이, 이 운동은 의학의 전문화와 19세기 초 의학 의 위험 양쪽 모두에 대한 반응이었다. 그 시기에 동종 요법과 물 치료 요법을 비롯하여 수많은 대체 의학 요법이 등장했으며, 통곡물과 신선한 야채를 먹고 모든 약물과 약초 요법을 꺼리는 실베스터 그레이엄의 섭식 요법도 등장했다. 백신이 〈비슷한 것은 비슷한 것을 치료한다〉는 자신들의 이론을 지지하기 때문에 종종 백신을 받아들이는 동종 요법 치료사들을 제외하고는, 많은 대체 의학 치료사들이 백신에 공공연히 반대했다.

가장 인기 있는 대체 요법을 제창했던 사람은 새뮤얼 톰슨이었다. 그는 의학을 시장으로부터 해방시키고 민주화함으로써 모든 사람이 제 몸의 치료사가 되도록 만들기를 원했다. 전성기에는 전체 미국인의 근 4분의 1이 그의 철학을 따랐지만, 에렌라이크와 잉글리시의 말을 빌리자면, 1830년대 말에 톰슨주의자들은 〈자신들이 도전했던 바로 그 힘에 굴복했다. 그들은 치유가 상품으로 둔갑한 것을 비난했었지만, 이제 자신들의 대안을 새로운 상품으로 포장했다〉.

그런 흐름은 오늘날의 대체 의학 운동에도 살아남았다. 요즘 미국인은 대체 의학의 권유로 매년 300억 달러의 비타민과 보충제를 사들이는데, 그런 제품은 제약 회사에 납품하는 회사와 같은 곳에서 제조되는 게 많고 그 자체로 큰, 그리고 대체로 규제받지 않는 산업을 이루고 있다.

22 연방 대법원이 결혼 보호법의 핵심 조항을 위헌으로 판결했던 당일에도, 전국 텔레비전에 출연한 논평가들은 동성 결혼이 〈부자연스럽다〉는 주장을 끈질기게 제기했다. 앤터닌 스캘리아 대법관은 반대 의견에서 그 결정은 〈병든 뿌리〉에서 나왔다고 말했다. 자연스러움의 속성에 대한 이해, 그리고 병든 것의 속성에 대한 이해의 이면에는 징벌적 도덕주의가 깔려 있는 게 분명하다.

23 『태양을 특허 내다: 소아마비와 소크 백신』에서 제인 스미스는 이 논점을 좀 더 펼쳐 보였다. 〈생물학적 제제는 생산하기 까다롭고, 보관하기 비싸고, 잘못되기 쉽다.〉 제약 회사들은 틈만 나

면 생물학적 제제에서 손 떼려고 한다. 〈그들은 화학적 제제에 의지한다. 화학적 제제는 밤잠을 설칠 일이 없고, 잘 자고 일어나면 아침엔 부자가 되어 있도록 만들어 준다.〉

24 『녹색 십자군: 환경주의의 뿌리를 다시 생각하다』에서 정치 과학자 찰스 루빈은 레이철 카슨이 정보를 왜곡했거나 잘못 전달한 사례를 몇 가지 소개했다. 일례로 카슨은 의학 학술지 편집자에게 투고되었던 편지를 과학 논문인 것처럼 인용했다. 백혈병에 관한 연구를 인용하면서는 논문의 저자가 내렸던 결론과 상반된 결론으로 귀결했다. 루빈도 분명하게 밝혔듯이 카슨이 모든 자료를 다 그렇게 잘못 전달한 건 아니었지만, 그녀의 논증이 스스로 독자에게 내세웠던 것처럼 그렇게까지 확고한 것은 아니었다.

25 산문을 쓰는 시인으로서, 혹은 시에 영향을 받는 산문 작가로서, 나는 종종 소속의 문제에 맞닥뜨린다. 문제는 동화들이 묻는 것처럼 내가 속할 곳이 어딘지를 찾는 게 아니다. 오히려 어디에도 소속되지 않는 상태를 지킬 방법을 찾는 것이다. 나는 그러기 위해서 앨리스 워커의 시구 〈누구의 연인도 되지 말아요 / 추방자가 되세요〉를 유념하려고 애쓴다. 사적 에세이의 전통에는 추방자를 자칭한 사람들이 넘쳐난다. 그 전통에서 나는 시인도 아니고 언론도 아니다. 그저 에세이스트이고, 생각하는 시민이다.

26 〈우리는 결코 인간이었던 적이 없다〉라는 도나 해러웨이의 말은 인류학자 브뤼노 라투르의 책 『우리는 결코 근대인이었던 적이 없다』를 언급한 것이다.

27 〈육체는 전쟁터가 아니다.〉 수전 손택은 『에이즈와 그 은유』에서 이렇게 경고했다. 그녀는 나쁜 은유가 몸에 대한 이해를 훼손할

수 있다고 말했다. 모든 은유가 질병을 똑같이 왜곡시키는 건 아니고 모든 은유가 해로운 것도 아니지만, 손택은 전쟁 은유가 특히 파괴적이라고 본다. 〈군사적 이미지는 지나치게 선동을 일삼고, 상황을 지나치게 왜곡하며, 환자들을 고립시키거나 환자들에게 낙인을 찍는 데 단단히 한몫을 한다.〉 손택은 이렇게 말했다. 〈저 따위 군사적인 은유는 전쟁광에게나 돌려줘라.〉

28 이 문장은 『백신의 유해 사례: 증거와 인과』에서 가져왔다(미주 18번을 보라). 보고서에 따르면, 1900년 미국에서는 아기 1,000명 중 100명이 첫 생일을 맞기 전에 죽었고 추가로 1,000명 중 5명이 5세가 되기 전에 죽었다. 2007년에는 생후 1년이 되기 전에 죽는 아기가 1,000명 중 7명 미만으로 떨어졌고, 5세 전에 죽는 아기는 1,000명 중 0.29명뿐이었다. 보고서는 이렇게 말했다. 〈아이와 성인을 죽일 만큼 심한 질병은 생존자에게 어떤 식으로든 장애를 남길 수도 있다. 치사율이 떨어짐에 따라, 그런 질병으로 인해 심한 장애를 안는 사람이 나올 가능성도 낮아졌다.〉

29 내가 여성과 의학의 역사라는 주제에 대해서 제시한 정보와 내 생각의 많은 부분은 바버라 에렌라이크와 디어드리 잉글리시의 책 『그녀를 위해서: 전문가들이 여성에게 준 조언의 200년 역사』에 의지했다. 두 사람의 전작 『마녀, 산파, 간호사: 여성 치유자의 역사』에도 의지했다. 후자의 책의 2판 서문에 인용된 역사학자 존 디머스의 말에 따르면, 식민지 시절 뉴잉글랜드에서 마녀 재판을 당했던 여성의 4분의 1에서 3분의 1은 치유자나 산파 능력이 있다고 알려진 이들이었다. 디머스는 이렇게 말했다. 〈기저에 깔린 연관성은 뚜렷하다. 치유하는 능력과 해치는 능력은 긴밀히 연관된 것처럼 보인다.〉 나는 요즘도 그렇다고 본다.

30 그 저널리스트는 브라이언 디어였고, 웨이크필드가 리처드 바

의 법률 회사에서 받은 돈은 80만 달러였다. 그 회사는 소송 증거를 확보할 요량으로, 백신 접종과 자폐증의 연관성을 조사하는 의사들과 과학자들에게 총 1000만 달러를 건넸다. 폴 오핏은 『자폐증의 거짓 예언자들』에서 그 돈이 어디로 갔는지를 자세히 추적했다. 100만 달러 이상이 웨이크필드의 표본을 시험해 준 회사 〈유니제네틱스 리미티드〉로 갔다. 영국이 웨이크필드의 연구를 활용해서 백신 접종 정책을 바꿔야 한다고 주장했던 병리학자 케네스 에이킨은 40만 달러를 받았다. 웨이크필드의 가설을 지지했던 신경학자 마셀 킨즈번은 80만 달러를 받았다.

31 바버라 로 피셔는 국립 백신 정보 센터NVIC의 회장이다. 이 단체는 이름이 암시하는 것과는 달리 연방 기관이 아니다. 저널리스트 마이클 스펙터는 〈이 단체와 미국 정부의 관계는 단체가 아동 백신 접종에 대한 연방의 노력에 거의 전부 반대한다는 것뿐이다〉라고 말했다. 2011년 봄, 타임스 광장의 CBS 전광판에 아기를 어르는 여자의 영상과 함께 〈백신: 위험을 압시다〉라는 문구가 적힌 광고가 방영되기 시작했다. 그다음 장면에서는 〈백신 접종〉이라는 문구가 자유의 여신상 위에 겹쳐졌고, 이어서 〈당신의 건강. 당신의 가족. 당신의 선택〉이라는 표어가 나타났다. 마지막으로, 광고 내내 화면에 찍혀 있던 NVIC의 로고와 웹사이트 주소가 화면을 한가득 채웠다.
NVIC 웹사이트에 수집된 교육 자료는 백신이 무엇보다도 자폐증과 당뇨를 일으킬 수 있다고 말한다. 의사이자 저널리스트인 라훌 파리크는 〈백신에 대한 NVIC의 말을 액면 그대로 믿는 건 조 카멜이 흡연은 폐암을 일으키지 않는다고 말하는 걸 믿는 것과 비슷하다〉고 말했다. 백신 접종 반대자들은 특정 제품을 팔지는 않는 것 같다는 점에서 언뜻 잘못된 비교로 들릴 수도 있다. 하지만 공포는 수많은 제품을 팔 수 있는 무형 자산이며, 누군가 백신에 대한 만연한 공포를 사적으로 이용할 가능성이 있다는 증거는 타임스 광장의 광고 자체에 나와 있었다. 광고의 매 장면마다 공동 후원자인 의사 조지프 머콜라의 웹사이트 주소가 나와 있었기 때문이다.

머콜라는 시카고 교외에서 머콜라 자연 건강 센터를 운영한다. 그러나 이제 본인이 환자를 직접 받진 않는다. 2006년 이래 그는 웹사이트 운영에 대부분의 시간을 투자했다. 웹사이트에는 수돗물 불소화, 금속 아말감 충전재, 백신의 위험 등을 경고하는 글들이 올라 있고, HIV가 에이즈의 원인이 아니라는 이론 등 정설로 인정되지 않는 주장들도 무수히 올라 있다. 브라이언 스미스는 「머콜라 박사: 선구자인가 돌팔이인가?」라는 글에서 이 웹사이트에 매달 1900만 명의 방문자가 접속한다고 말했다. 웹사이트에서 판매되는 제품은 태닝 기계, 공기 청정기, 비타민과 보충제까지 다양하다. 2010년에 웹사이트와 머콜라 유한 책임 회사는 700만 달러의 수입을 올린 것으로 추정되며, 2011년에 머콜라는 100만 달러를 여러 단체에 기부했는데 NVIC도 그중 하나였다.

32 스스로를 백신 반대론자가 아니라 〈독성 반대론자〉로 내세우는 제니 매카시는 2008년 워싱턴 DC에서 〈백신을 푸르게〉라는 주제로 행진을 이끌었다. 의사 데이비드 고르스키가 〈엄청나게 오웰식〉이라고 평가했던 그 행진과 슬로건은, 어떤 저항의 방식이 유의미한 저항 이외의 목적에도 멋대로 동원될 수 있다는 걸 잘 보여 준다. 매카시의 백신 반대 운동은 환경주의 활동에 관여하지 않으면서도 환경주의의 수사를 가져다 썼다. 영국의 초기 백신 반대 운동이 노예제 폐지 활동에 관여하지 않으면서도 노예

제 폐지의 수사를 가져다 썼던 것처럼 말이다.

33 상당히 오랫동안 나는 출산 직후 겪었던 합병증에 대해서 그것
이 자궁 내반증이라고 불리며 아주 드문 현상이라는 것만 알았
다. 그 합병증은 텔레비전 드라마 「ER」의 마지막 에피소드에도
분명하게 등장했는데, 산파는 나더러 그 에피소드를 보지 말라
고 했다. 드라마에서 자궁 내반증을 겪는 여자가 출산 후 수술을
받다가 죽기 때문이다. 나를 수술했던 산과의사에게 내가 다시
임신해도 이 합병증을 겪을 가능성이 있느냐고 묻자, 그녀는 알
려진 게 많지 않아서 아직 아무도 확실히는 모른다고 대답했다.
수천 건의 분만을 지켜봤던 산파도 나 이전에는 자궁 내반증을
본 적이 없다고 했다. 나는 몇 년이 지난 뒤에야 이 합병증이 분
만 3,000건 중 약 1건꼴로 발생한다는 걸 알았다. 그 사례 중 약
15퍼센트에서는 산모가 죽는다.

34 내게 위치재의 개념을 설명해 준 사람은 여동생이었다. 동생은
해리 브릭하우스와 애덤 스위프트의 논문 「평등, 우선권, 그리고
위치재」를 보라고 권했다. 이 논문은 건강이 교육과는 달리 널리
위치재로 이해되지 않는다고 지적하며, 〈하지만 건강은 분명 경
쟁 가치가 있다〉고 주장한다. 〈다른 조건이 다 같을 때, 건강한
사람은 일자리를 비롯한 여러 희소재를 차지하기 위한 경쟁에서
이길 가능성이 좀 더 높다. 실제로 어떤 사회 과학자들은 왜 경
제적으로 성공한 부모의 자녀들이 경제적으로 성공하는 경향이
있는가를 설명하는 복잡한 인과 해석에서 건강이 중요한 요소라
고 주장했다. 부유한 부모를 둔 자녀들은 가난한 부모를 둔 자녀
들보다 건강한 편이고, 그 사실은 그들이 학교에서나 노동 시장
에서 더 잘해 내는 이유를 설명하는 데 도움이 된다. 정말 그렇
다면, 그리고 건강이 정말 그들이 보상이 더 낫거나 더 못한 직

장을 얻을 때 차별적 가능성을 부여하는 요인으로 작용한다면,
건강은 실제로 경쟁 가치가 있으며 따라서 위치재의 속성을 갖
고 있다. 내게 내 건강의 가치는 남들이 얼마나 건강하느냐에 달
려 있다. 맹인들의 세상에서는 애꾸눈이가 왕이다.〉

35 조지 W. 부시 대통령은 2002년에 천연두 백신을 맞았다. 그것은
1000만 명의 경찰 및 보건 노동자에게 예방 접종을 맞히려는 계
획의 일환이었다. 계획은 결국 실현되지 않았는데, 보건 공무원
들, 간호사 노조, 병원들이 저항한 탓도 있었다. 아서 앨런은 『백
신: 의학의 가장 위대한 구세주의 논쟁적 역사』에서 〈대통령의
백신 접종은 대단히 정치적인 공중 보건 제스처로, 사담 후세인
의 능력과 계획이 그의 체제에 대한 공격을 정당화할 만큼 충분
히 사악하고 실재하는 것임을 보여 주려는 상징적 행위였다〉고
말했다. 정부는 후세인이 천연두를 손에 넣을 수 있다는 증거를
갖고 있지 않았지만, 그가 그럴지도 모른다는 가능성만으로 미
심쩍은 백신 접종과 이라크 침공을 둘 다 정당화했다. 앨런은 이
렇게 적었다. 〈바로 그 때문에, 21세기가 시작되는 시점에 우리
대통령이 멸종한 질병에 대한 백신을 맞게 된 것이었다.〉

36 이브 세지윅은 『감정을 건드리다: 정동, 교육, 수행』 중 「편집증
적 해석과 회복적 해석, 혹은 당신은 워낙 편집증적이라서 이 글
도 당신에 관한 글이라고 생각하겠죠」의 마지막 줄에서 〈개인
들과 공동체들이 문화의 객체들로부터 다양한 방식으로 자양분
을 끌어내는 데서, 심지어 그 문화가 인정하는 욕망이 종종 그들
을 지지하지 않는 경우에도 그렇다는 데서〉 우리가 배울 점이
있다고 희망차게 말했다.

37 가부장주의paternalism가 이미 더럽혀진 단어라면, 모성주의
maternalism도 어느 정도는 그렇다. 그 단어는 과거에 여성들이

활동가로서 스스로를 정당화하고자 여성은 남을 보호하는 성향을 〈타고난다〉고 주장해야 했던 시기와 연관되었기 때문이다. 캐럴린 웨버는 『젠더와 사회 백과사전』 중 〈모성주의〉 항목에서 이렇게 말했다. 〈19세기 후반 미국에서 모성주의는 사회정치적 의미를 띠기 시작했다. 그 용어는 정치적 대의를 위해 활동하는 여성들이 스스로 자기 젠더의 고유한 특징이라고 믿는 속성들을 부각시키는 분파를 뜻하게 되었다. 그 결과, 모성주의자는 더 큰 사회적 이득을 위해서 어머니 노릇을 가정에서 공동체로 끌고 나온 여성을 뜻하는 것으로 여겨지게 되었다.〉

38 제대혈을 이식받는 아이들은 대부분 자신의 제대혈이 아니라 다른 기증자의 제대혈을 받아야 한다. 자신의 제대혈은 치료의 대상인 바로 그 문제점을 똑같이 갖고 있을 수 있기 때문이다. 소아과 의사 루벤 루코바는 이 점이 공공 제대혈 은행의 한 이점이라고 지적했는데, 루코바의 신생아 딸도 공공 은행으로부터 제대혈을 이식받아 목숨을 건졌다. 2010년에 쓴 글 「공공 제대혈 은행은 개인 은행보다 이점이 많다」에서, 루코바는 공공 은행은 국가 의료 데이터베이스에 참여하기 때문에 그곳에 기증된 제대혈은 그것을 필요로 하는 사람에게 쓰일 가능성이 높다고 말했다. 반면 개인 은행에 저장된 제대혈은 쓰이지 않을 가능성이 높다. 아이가 자기 제대혈을 필요로 할 확률은 대략 20만 명 중 1명꼴에 불과하기 때문이다. 그리고 공공 은행은 엄격한 연방 기준을 만족시켜야 하는 데 비해 개인 은행은 그렇지 않다. 2007년에 미국 소아과학회는 개인 제대혈 은행에 반대하는 성명을 발표하여, 개인 은행들이 부모들에게 효과가 입증되지 않은 데다가 불필요한 서비스를 팖으로써 그들을 이용한다는 우려를 표명했다.

264

39 2011년 『소아과학』에 발표된 연구 「어린 아이를 둔 부모들 사이에서 대안 백신 접종 일정표에 대한 선호」에 따르면, 조사 대상 부모 열 쌍 중 한 쌍 이상이 대안 백신 접종 일정표를 따르고 있다고 응답했다. CDC가 권고하는 표준 일정표를 따르는 부모들 중에서도 4분의 1 이상은 백신 접종을 늦추는 게 더 안전할 거라고 생각했다. 연구자들은 그런 부모들이 대안 일정표로 바꿀 〈위험이 있다〉고 결론 내렸다.

40 아동 예방 접종 일정표에 대한 부모들, 관련 단체들, 언론의 걱정에 대응하는 것이 한 가지 목적이었던 조사를 마친 뒤, 의학 한림원은 2013년에 「아동 예방 접종 일정표와 안전: 이해 당사자들의 걱정, 과학적 증거, 향후 연구」라는 보고서를 발간했다. 보고서는 대안 일정표를 따라야 할 합리적 근거를 발견하지 못했다며 다음과 같이 결론 내렸다. 〈본 위원회는 권장 예방 접종 일정표가 안전하지 않다는 유의미한 증거를 발견하지 못했다. 게다가 기존의 감시 및 대응 체계는 백신 접종과 연관되었다고 알려진 유해 사례들을 계속 확인하고 있다. 연방의 연구 하부 구조 체계는 튼튼하다.〉

41 파상풍균 포자는 어느 흙에나 있고, 아기를 포함하여 누구든 상처에 흙이 묻어서 균이 침입하면 파상풍에 걸린다. 개발 도상국에서는 채 아물지 않은 탯줄을 통해서 파상풍에 감염되는 신생아가 많다. 미국에서 파상풍 사망자는 1938년에 백신이 도입된 직후 99퍼센트 넘게 줄었고, 신생아 파상풍은 거의 사라졌다. 한편으로는 분만 환경이 개선되었기 때문이고, 다른 한편으로는 백신을 맞은 산모에게서 태어난 아기는 모체로부터 전달받은 항체를 갖고 있어서 그것을 통해 일시적으로 보호받기 때문이다. 2001년에서 2008년 사이에 미국에서 신생아가 파상풍에

감염된 사례는 1건뿐이었다.

42 많은 사람이 헤모필루스 인플루엔자 균을 코와 목에 품고 있으면서도 그것에 대해 면역을 갖고 있다. 1985년에 백신이 도입되기 전에는 헤모필루스 인플루엔자 b형 균 감염이 미국에서 수막염의 제일 흔한 원인이었다. 5세 미만 아이 200명 중 약 1명꼴로 침습성 헤모필루스에 걸렸고, 매년 15,000명 이상의 아이가 헤모필루스 수막염에 시달렸다.

43 미국에서 홍역에 걸린 아이 20명 중 1명은 합병증으로 폐렴에 걸리는데, 이 합병증은 자주 사망으로 이어진다. 홍역 증례 치명률은 나이를 비롯한 여러 요인에 따라 달라지지만, 제일 치명적인 연령 집단은 5세 미만 아동과 성인이다. 1987년에서 1992년 사이에 미국에서 홍역 증례 1,000건 중 약 3건은 사망으로 이어졌다. 그러나 미국의 증례 치명률은 보통 1,000건 중 약 1건으로 추정된다.

44 세균 하나 속에는 면역 성분이, 즉 면역 반응을 일으키는 단백질이 2,000개에서 6,000개 사이로 들어 있다. 대조적으로 천연두 백신에는 200개쯤 들어 있다.

45 웹사이트의 주소는 whale.to로, 구글에서 〈백신 접종vaccination〉이라고 검색했을 때 상위로 랭킹되는 사이트다. 웹사이트에 수집된 온갖 희한한 글 중에는 「시온 장로 회의록」 전문도 있는데, 이것은 유대인 지도자들이 세계 경제와 언론을 통제함으로써 세계를 정복할 계획을 세우는 회의를 기록한 문서인 척하는 글이다.

46 〈제너레이션 레스큐〉는 2005년 창설 직후 『뉴욕 타임스』와 『USA 투데이』의 전면 광고를 포함한 언론 캠페인을 벌여서 백

신이 자폐증을 일으킨다는 가설을 선전했다. 제니 매카시는 이 단체의 대변인을 지냈고, 지금은 회장으로 있다.

47 폴 오핏의 『자폐증의 거짓 예언자들』에는 이 부모들 중 몇몇이 소개되어 있다. 웹사이트 neurodiversity.com을 만든 캐슬린 자이델, 〈자폐증 디바〉라는 별명으로 알려진 카미유 클라크 등이 그들이다.

48 의학에서 정확히 무엇이 진짜인가는 19세기 초까지 꽤 복잡한 문제였다. 당시 의학은 접골사, 산파, 약초 치료사, 다양한 민간 치유자와 더불어 〈정규〉 의사들이 수행했는데, 그 의사들도 어중이떠중이였다. 의사 자격을 관리하는 중앙 기관은 없었고, 의료 행위에 대한 표준도 없었으며 의학 학위는 공공연히 돈으로 살 수 있었다.

나디아 두어바흐가 『신체적 문제』에서 썼듯이, 의사들은 차츰 의학을 어엿한 직종으로 자리매김하고 의료 행위를 규제하려고 애쓰기 시작했고, 그 과정에서 국가에 백신 접종에 대한 배타적 권위를 인정해 달라고 요구했다. 영국 의사 단체는 1840년에 보고서를 내어 백신 접종을 〈유랑하는 야바위꾼들, 저질스런 직종의 사람들, 대장장이들, 세금 징수원들, 약제사들 등등 가난한 사람들끼리 서로〉 실시하고 있다고 불평했다. 한마디로 의료를 제공하는 모든 사람이 백신을 제공하고 있었다.

결국 백신을 접종할 자격은 의사들, 그리고 국가의 인증을 받은 백신 접종원들로만 제한되었고, 영국은 1841년에 종두를 불법화했다. 덕분에 예방 접종을 더 잘 규제할 수 있게 되었지만, 한편으로는 국가가 의사들과 공모하여 의학을 수익성만 쫓는 독점 사업으로 만들려고 한다는 두려움이 강화되었다. 두어바흐의 지적에 따르면, 이 입법으로 인해 의학의 전문화와 표준화에 대한 저항은 동시에 정부의 권위에 대한 저항이 되었다.

49 당시 여자가 양심적 면제를 신청할 수 있느냐 혹은 신청해도 되느냐를 놓고서 논쟁이 좀 벌어졌다. 아이의 법적 후견인은 남자였던 데다가, 한 정치인의 말을 빌리자면 가정 밖에서 양심을 실천하는 건 여자에게 어울리는 일이 아니었기 때문이다. 법률 자체는 부모라는 단어를 썼고 여자를 배제하지 않았지만, 일부 지역에서는 여자가 신청하면 거절을 당했으며 아버지만 신청할 수 있다는 말을 들었다. 그러나 또 다른 지역에서는 거의 모든 신청자가 여자였다. 결국 이 애매한 조항은 여자도 포함하는 것으로 해석되게 되었다. 나디아 두어바흐에 따르면, 〈새 법률을 이렇게 해석하게 된 덕분에, 최초로 널리 인정된 양심적 거부자들은 압도적으로 노동 계급이었을 뿐 아니라 다수가 여성이었다〉.

50 오늘날의 백신 일정표는 1901년 천연두 집단 발병 때 백신 접종을 거부했던 부모들에게(미주 54번을 보라), 1984년에 의회에 백신 부작용을 제대로 추적하도록 요구했던 부모들에게(그들이 NVIC를 결성하게 되는데, 이 내용은 미주 31번을 보라), 또한 1998년에 소아마비 경구 백신을 그보다 안전한 불활성 백신으로 교체하자고 주장하여 성공했던 존 살라모네 같은 부모들에게도 빚지고 있다. 백신 안전성을 요구하는 활동은 백신 접종 체계를 개선하기보다 약화시키려고 꾀하는 백신 반대 활동과는 다르다. 그러나 NVIC 같은 몇몇 단체는 두 가지 활동을 다 한다.

51 특권을 뜻하는 영어 단어 프리빌리지privilege는 라틴어 프리빌레기움privilegium에서 왔는데, 그 뜻은 〈한 사람에게만 적용되는 법〉이다. 이 정의에 따르면, 백신 접종으로부터 법적으로 면제된다는 것은 특권이다. 미국에서는 공립 학교에 입학하려면 의무적으로 백신을 맞아야 하고, 많은 탁아소와 유치원도 마찬

가지다. 그러나 모든 주가 의학적 근거에서의 면제를 허용하고, 두 주를 제외한 나머지 모든 주는 종교적 근거에서의 면제도 허락하며, 19개 주는 현대의 양심적 거부에 해당하는 철학적 근거에서의 면제도 허락한다.

52 폴 파인은 『집단 면역: 대강의 안내』에서 이렇게 말했다. 〈백신 접종의 목표 문턱값은 실제 인구의 복잡성을 대단히 단순화한 가정들에 따라 정해진 것이기 때문에, 우리는 그 값을 경계할 필요가 있다. 대개의 상황에서는 인구의 100%에게 모든 권장 용량을 다 맞히는 걸 목표로 삼는 게 합리적인 공중 보건 조치이다. 100%는 어차피 달성 불가능하다는 걸 알기에, 해당 인구에서 《진짜》 집단 면역 문턱값이 얼마가 되었든 그 값을 넘을 수 있기를 바라며 그렇게 잡는 것이다.〉

53 누출 사고 이전에, EPA는 코렉시트를 최소한 다른 12개 제품보다 효과가 떨어지고 독성이 심한 제품이라고 평가했다. 그러나 누출 후, EPA는 새로 시험을 실시하여 코렉시트와 루이지애나 원유가 섞인 물질이 해양 생물에게 미치는 독성은 다른 유처리제와 원유가 섞인 물질보다 더 세지도 약하지도 않다고 결론 내렸다. 수잰 골든버그가 『가디언』에 쓴 기사 「BP 원유 누출: 오바마 행정부 과학자들, 화학 물질에 대한 불안을 인정하다」에서 밝혔듯이, 다름아닌 EPA의 한 직원이 시험의 유효성에 의문을 제기했다. 해양 환경 연구소 소장 수전 쇼는 『가디언』에 〈그것은 단 한 차례의 시험에 불과했던 데다가 아주 조잡했다〉고 말했다. 그 시점에서 이미 걸프 만에 뿌려진 코렉시트의 양은, 독성학자 론 켄들의 말을 빌리자면, 엄청난 규모의 규제되지 않은 〈생태-독성학 실험〉을 방불했다. 그 실험의 결과는 아직 결정되지 않았다.

54 캠던에서 천연두가 터졌을 때, 지역 교육 위원회는 백신을 맞지 않은 아이는 학교에 나올 수 없다고 선언했다. 그로부터 한 달 동안 수천 명의 아이가 백신을 맞았는데, 그러던 중 백신을 맞은 지 얼마 되지 않은 16세 남자아이가 파상풍에 걸려 턱이 굳고 경련을 일으켰다. 그다음엔 역시 백신을 맞은 지 얼마 되지 않은 16세 여자아이가 파상풍으로 쓰러졌고, 백신을 맞은 지 얼마 되지 않은 11세 남자아이는 파상풍으로 쓰러진 지 하루도 안 되어 사망했다.

나중의 조사에서 밝혀진 바, 파상풍에 걸린 아이들은 거의 모두 같은 제조업체에서 생산된 백신을 맞았다. 그 제조업체는 필라델피아 병원의 파상풍 집단 발병과도 관계가 있었다. 당시 유럽에서는 정부가 백신을 통제하거나 직접 생산하기까지 했지만, 미국에서는 아무나 백신을 만들고 팔 수 있었다. 천연두 백신은 소에서 원료를 얻고 농장에서 제조되었는데, 그런 환경에서는 파상풍균에 오염되어 있기 쉬운 외양간의 먼지와 분뇨 때문에 백신이 오염되기 쉬웠다.

캠던에서 파상풍 사망자 수가 천연두 사망자 수를 넘어서자, 부모들은 등교 거부 운동을 벌이고 백신 접종을 거부했다. 애틀랜틱시티와 필라델피아에서도 백신을 맞은 아이들이 파상풍에 걸린 증례가 독립적으로 보고되었고, 그 때문에 캠던의 공황은 전국적 위기로 커졌다. 백신 접종에 대한 저항이 거세지자, 시어도어 루스벨트 대통령은 백신 제조업체에 대한 인증 및 검사 체계를 설립할 것을 규정하는 생물학적 제제 관리법에 서명했다. 『뉴욕 타임스』는 〈만일 좀 더 위험한 악을 바로잡는 목적이 아니었다면, 이 법률은 연방의 권위를 위험하리만치 확장하는 것으로 여겨질 수도 있었을 것〉이라고 논평했다.

많은 사람이 이해했듯이, 그 위험이란 단지 아이들이 나쁜 백신 때문에 피해를 입는 것만을 가리키지 않았다. 부모들이 정당한 이유에서 백신을 거부한다면 그보다 더 많은 아이가 천연두로 피해를 입을 것이라는 위험도 있었다. 캠던에서 백신 접종 후 파상풍으로 사망한 아이는 총 9명이었고, 천연두로 사망한 아이는 ── 그중에는 얼마 전에 백신을 맞은 아이는 한 명도 없었다 ── 총 15명이었다. 윌리히는 〈그해 봄에 전염병이 수그러들었을 때, 천연두가 정말로 백신보다 더 치명적이라는 사실이 입증되었다〉고 말했다.

55 백신 유해 사례 보고 체계VAERS는 백신 접종 후 발생한 〈유해 사건〉(발열이나 발진부터 경련이나 초과민성 반응까지 모든 현상을 아우른다)에 대한 보고를 수집하는 체계다. 가끔 백신 부작용을 모아 둔 데이터베이스로 오해되곤 하지만, 실제로는 비슷한 보고가 뭉쳐서 발생하거나 특정 패턴을 이루는 것을 재빨리 알아차림으로써 CDC가 더 자세한 조사를 실시할 수 있도록 하는 소극적 감시 체계로 기능한다. 부모와 개인 상해 변호사를 비롯하여 누구든 VAERS에 보고할 수 있으므로, 데이터베이스에는 필연적으로 백신 접종과 무관한 사건도 접수된다. 백신 접종 후 자살하거나 교통사고를 당했다는 보고도 있고, 한 남자가 인플루엔자 백신을 맞은 뒤 헐크로 변신했다는 보고도 있다.

1999년 7월, CDC 직원들은 새 로타바이러스 백신인 로타실드를 접종받은 아기 중 15명이 장겹침증이라는 드문 장폐색을 겪었다는 사실을 VAERS를 통해서 알고 경각심을 느꼈다(로타실드는 폴 오핏이 공동 개발한 로타바이러스 백신 로타텍과는 다른 제품이다). 로타바이러스는 미국에서 매년 7만 건의 입원과 60건의 사망을 낳기 때문에, CDC는 모든 아기에게 로타바이러스 백신을 권장했다. 그러나 VAERS에서 잠재 위험의 의혹이 제기되자, CDC는 백신 사용을 일시 중단시키고 조사에 착수했다. 로타실드 백신이 사용된 지 1년도 안 된 시점이었다. 그해 10월, 연구자들은 이 백신을 맞은 아이들이 맞지 않은 아이들보다 장겹침증을 일으킬 확률이 25배 더 높다고 결론 내렸다. 백신은 시장에서 퇴출되었다. 백신 접종으로 장겹침증을 일으킬 위험은 1만 명 중 약 1명꼴이었는데, VAERS는 그 위험을 불과 몇 달 만에 감지하는 데 기여한 것이었다.

56 이 구체적인 예시들은 로버트 시어스의 『우리집 백신 백과』에 나열된 백신 성분 목록에서 가져왔다.

57 마틴은 이 질문을 구체적으로 백신 접종의 맥락에서 던진 것은 아니었다. 건강과 질병 전반에 대한 미국인의 태도라는, 좀 더 폭넓은 맥락에서 던진 것이었다. 마틴의 『유연한 몸들: 미국 문화 속 면역성을 추적하다 — 소아마비 시절에서 에이즈 시대까지』의 마지막 장 서두를 여는 이 질문은 에이즈와 신흥 질병들에 대한 관찰, 그리고 후기 자본주의와 인종 차별에 대한 관찰에서 영향을 받았다. 마틴은 《건강》에 대한 이해에서 위기에 처한 것은 분명 사회 질서 자체의 생존과 죽음이라는 가장 광범위한 문제들이다〉라고 말했다.

58 무케르지는 『암: 만병의 황제의 역사』에서 〈암에 대한 은유들이 아주 현대적이기 때문에 우리는 암을 《현대》 질병으로 여기는 경향이 있다〉고 말하며, 이렇게 설명했다. 〈암은 노화 관련 질병이다. 가끔은 기하급수적인 수준으로 노화와 연관된다. 가령 유방암 위험은 30세 여성 사이에서는 400명 중 1명꼴이지만 70세 여성 사이에서는 9명 중 1명꼴로 높아진다.〉 그는 또 이렇게 말했다. 〈19세기 의사들은 암을 문명과 연결짓곤 했다. 급하고 복잡한 현대 생활이 어떤 방식으로든 인체에 병리적 성장을 촉진하는 탓에 암이 발생한다고 생각했다. 연결은 옳았지만, 인과는

틀렸다. 문명이 암을 일으키는 건 아니다. 문명은 인간의 수명을 연장함으로써 암을 드러낼 뿐이다.〉

59 〈백신 법정〉은 1986년 제정된 국가 아동 백신 피해법에 의해 설립되었다. 의학 한림원에게 독립적인 백신 안전성 검토를 맡기고 VAERS를 통한 백신 부작용 보고 체계를 마련한 바로 그 법률이었다.

이 법률의 제정으로 귀결된 인과의 사슬이 시작된 건 1981년이었다. 그해에 한 영국 논문이 DTP(디프테리아, 파상풍, 백일해) 백신에 포함된 전(全)세포 백일해 성분이 영구적 뇌 손상을 일으킬지도 모른다고 주장했다(이후 전세포 백일해 성분은 무세포 성분으로 교체되었다). 폴 오핏이 『치명적 선택들』에서 설명했듯이 그 발견은 여러 후속 연구로 — 영국 신경병리학자가 수행한 조사, 덴마크의 역학 조사, 미국에서 20만 명이 넘는 아이들을 대상으로 한 조사 — 반박될 것이었지만, 미국에서는 벌써 DTP 백신에 대한 공포가 퍼진 뒤였다. 1984년에 텔레비전 다큐멘터리 「DTP: 백신 룰렛」은 심한 장애를 겪는 아이들의 영상과 〈실제 위험은 의사들이 인정하는 것보다 훨씬 더 큽니다〉라고 경고하는 전문가들의 인터뷰를 내보내어 공포를 과장했다. 다큐멘터리가 전국에 방영된 뒤, 제약 회사들을 상대로 한 소송이 극적으로 늘었다.

아서 앨런은 이렇게 적었다. 〈1985년까지 백일해 백신에 관한 소송이 미국 법정에 216건 접수되었고, 평균 보상 요구 금액은 2600만 달러였다. 소송이 제기되기 시작했던 1981년, 미국 백일해 백신 시장의 전체 규모는 겨우 200만 달러였다.〉 DTP 백신을 생산하던 세 회사 중 한 곳은 배포를 중단했고, 다른 한 곳은 생산자 법적 책임 문제 때문에 아예 생산을 중단했다. 1986년, 그때까지 백신을 만들던 마지막 회사마저도 더 이상 백신을 생

273

산하지 않겠다고 발표했다.

1984년 상원 공청회에서, 훗날 국립 백신 정보 센터(미주 31번을 보라)라는 단체를 결성하게 될 한 무리의 부모들은 정부에게 백신 부작용 연구를 늘릴 것, 의사들이 백신 부작용을 중앙 데이터베이스에 보고하도록 의무화할 것, 백신으로 심한 손상을 입은 아이들을 위한 보상 프로그램을 마련할 것을 요구했다. 단순히 백신 부족 현상만이 아니라 애초에 백신 부족을 빚은 원인이었던 줄소송을 낳은 우려들을 처리할 요량으로, 의회는 부모들의 요구를 만족시키는 법안을 통과시켰다. 법안은 백신 제조업체들의 이해와 부모들의 이해를 둘 다 보호할 생각으로 설계된 것이었으나, 충분히 예상할 수 있듯이 양쪽 다 그 법안을 좋아하지 않았다.

국가 아동 백신 피해법은 백신 제조자가 아니라 연방 정부가 백신 피해 소송의 피고가 되도록 규정했다. 부모들은 제조업체가 자기네 제품의 안전성을 책임지지 않게 될 거라는 우려 때문에 이 결정을 싫어했다. 법률은 또 피해를 입은 아이의 부모가 손상의 원인이 백신임을 확실하게 증명하지 못하더라도 보상받을 수 있도록 규정했다. 제조업체들은 이 결정을 싫어했다. 자기네 제품이 실제로는 일으키지 않는 부작용들과 연관될까 봐 우려했기 때문이다.

60 『보스턴 글로브』가 〈순식간에 컬트 고전이 된〉 논문이라고 표현했던 이오아니디스의 2005년 논문 「왜 발표된 연구 결과의 대부분은 거짓인가」는 학술지 『PLOS 의학』에 발표된 모든 전문가 논문을 통틀어 최다 다운로드 횟수를 기록했다. 내 책의 원고를 읽어 준 두 과학자는 둘 다 내가 이오아니디스의 대담한 논문 제목을 그대로 인용하는 게 오도의 소지가 있다고 염려했다. 둘 중 한 명은 내게 설령 어떤 논문이 연구 데이터에 기반하여 내린

결론이 부정확하더라도 많은 경우 데이터 자체는 정확하다고 말했다. 그리고 〈발표된 연구 결과의 대부분은 거짓이다〉보다는 〈발표된 연구의 대부분은 개선이 필요하다〉가 좀 더 정확한 표현일 거라고 말했다.

2007년 논문 「발표된 연구 결과의 대부분은 거짓이다 — 하지만 약간의 복제가 큰 도움이 된다」에서, CDC 연구자 라말 무네싱게와 동료들은 어떤 연구 결과가 참일 가능성은 여러 건의 다른 연구에서 같은 결과가 반복된 뒤에는 상당히 증가한다는 걸 확인했다. 칼 세이건의 말을 빌리자면, 〈과학은 오류를 하나씩 잘라 냄으로써 번성한다〉.

61 파인먼은 원자 폭탄 발명에 기여했으니, 불확실성에 대해서 이야기할 이유가 충분했다.

62 키츠: 「아름다움은 진리, 진리는 아름다움 / 이것이 그대들이 이 세상에서 알고, 알 필요가 있는 전부다.」

63 계란 알레르기가 있는 아이들도 독감 백신을 안전하게 맞는 경우가 많다는 걸 나중에 알았다. 아들도 알레르기가 있는데도 결국 백신을 맞았다.

64 계절성 독감 백신은 다른 백신들과 여러 면에서 다른데, 제일 뚜렷한 차이는 효과가 덜한 편이라는 것이다. 이것은 인플루엔자 바이러스가 빠르게 변이하는 데다가 매년 다른 종류의 균주가 독감을 일으키기 때문이다. 독감 철에 앞서서 미리 백신을 준비해 두려면, 연구자들은 다가오는 해에 어떤 바이러스 균주가 활약할 것인지를 정보에 의지하여 추측해 봐야 한다. 보통은 추측이 잘 맞는 편이다. 그러나 백신을 맞은 사람이라도 그 백신이 막아 주지 못하는 다른 인플루엔자 균주에 감염될 수 있다. 그래서 어떤 사람들은 백신이 소용 없다고 결론 내리지만, 사실 백신은

듣는다. 백신이 실제 그해에 도는 바이러스 균주와 잘 맞지 않는 경우에도, 백신은 접종자가 독감을 심하게 앓지 않도록 해주며 인구 전체 발병률도 낮춘다. 그리고 독감 백신을 여러 차례 맞은 사람은 여러 독감 균주에 대한 면역을 누적적으로 갖게 된다.

독감 백신의 효능과 독감 바이러스의 심각도가 둘 다 매년 달라지기 때문에, 개별적인 위험 평가는 어렵다. 몇 년 연달아 약한 바이러스만 나타나서 대체로 가벼운 인플루엔자만 돌다가도 갑자기 훨씬 더 위험한 균주가 나타나곤 한다.

65 어느 봄날, 호숫가에서 아들과 함께 위플볼과 플라스틱 배트를 가지고 놀다가 아이에게 야구 규칙을 알려 주었다. 아이는 처음 〈아웃〉을 당한 뒤 우리가 한 팀이 아니란 걸 이해하기 시작했다. 「엄만 나쁜 편이야.」 아이는 음흉한 미소를 지으며 말했다. 아이는 얼마 전에 슈퍼 히어로를 통해서 단순한 선악의 대립을 알게 된 터였다. 그래서 아이는 뭐든 그런 대립으로 읽어 냈지만, 레니게이드라는 단어에도 끌리는 모양이었다. 나는 아이에게 레니게이드란 자신이 좋은 일이라고 믿는 이유 때문에 규칙을 깨뜨리는 사람이라고 정의해 주었었다. 아이는 〈가끔은 나도 레니게이드예요〉라고 고백했다.

나는 아이에게 말했다. 「엄만 나쁜 편도 착한 편도 아니야. 그냥 다른 팀이지.」 아이는 내 허술한 논증을 비웃었다. 나는 공을 던졌고, 아이는 삼진을 먹었다. 「제법인데, 나쁜 편.」 아이는 내게 배트를 건네면서 다정하게 말했다. 아이는 아직 게임을 완벽하게 이해하지 못했지만, 아이 못지않게 나도 아이가 공을 때리기를 바란다는 사실만큼은 이해했다. 우리는 사실 다른 팀도 아니었다. 우리는 그저 함께 경기하고 있었다.

66 메리앤 무어의 시 「시」는 이렇게 시작한다. 「나도, 역시, 그것이

싫다: 그보다 더 중요한 것들이 있다 / 그 시시한 짓보다. / 그러
나 완벽한 경멸을 품고서 그것을 읽을 때, 우리는 / 결국 그 속에
서 / 진정한 것을 위한 자리를 발견한다.」

감사의 말

레이철 웹스터는 많은 저녁을 나와 함께 보내며, 우리 아이들이 자는 동안 그녀의 식탁에 함께 앉아 이 책이 될 원고를 들여다보고 또 들여다봐 주었다. 그녀를 비롯하여 여러 좋은 친구들과 나눈 대화는 내 글을 살찌웠다. 특히 수잰 버팸, 빌 지라드, 크리스틴 해리스, 젠 자우메, 에이미 리치, 쇼나 셀리, 몰리 탐보르, 데이비드 트리니다드, 코니 부아진에게 고맙다. 로빈 시프는 고딕에 관한 모든 것을 조언해 주었고, 나와 더불어 생각해 주었고, 내가 스스로 아는 줄도 몰랐던 것을 표현하도록 도와주었다. 내 생각을 더 복잡하게 만들어 주고, 너그럽게 논쟁해 주고, 새로운 방향을 알려 주었던 시인들이자 어머니들의 공동체에 고맙다. 특히 브랜들 프랑스 드 브라보, 아리엘 그린버그, 조이 카츠, 제니퍼 크로노벳, 케이트 마빈, 에리카 마이트너,

279

호아 응우옌, 리사 올스타인, 대니엘 파푼다, 마사 실라노, 카르멘 히메네스 스미스, 로럴 스나이더, 마르셀라 술라크, 레이철 주커에게 빚을 졌다.

작가 데이비드 실즈와 레베카 솔닛은 집필 초기에 귀중한 지원을 주었다. 존 킨은 은유에 관한 중요한 자료를 읽을 것을 권했고, 이윤 리는 문학을 좋아하는 면역학자를 찾는 걸 도와주었다. 저작권 대리인 맷 매가운은 초고를 읽어 주었고, 비록 실제로는 작은 책이지만 크게 생각하라고 격려해 주었다. 담당 편집자 제프 쇼츠는 나와 함께 모든 세부 사항을 논의해 주었고, 그만의 멋진 방식으로 책이 더 나아질 수 있는 기회를 많이 찾아내 주었다. 그를 비롯하여 그레이울프 출판사의 모든 사람에게 감사한다.

구겐하임 재단, 하워드 재단, 미국 국립 예술 기금이 제공한 지원금 덕분에 강의를 줄이고 조사와 집필을 할 여유가 생겼다. 크리스틴 센터는 은신처를 제공해 주었다. 쥐타마 라투르트, 에이미 파트케 쿠베스, 그리고 토탈 차일드 유치원의 멋진 친구들은 내가 책을 쓰는 동안 아들의 세상을 넓혀 주었다.

노스웨스턴 대학 도서관의 샬럿 커비지는 초기 단계의 조사에 조언해 주었고, 마리아 홀로호스키지는 첫 조사 담당 조수로 일해 주었다. 나중에는 예전 내 학생이었던 일리야나 곤살레스가 자기 글 쓸 시간을 빼서 내 글을 도와 주었다. 이 책은 일리야나 덕분에 더 똑똑해졌다.

많은 질문에 너그럽게 답해 준 과학자들과 의사들로는 스콧 매스턴, 엘런 라이트 클레이턴, 퍼트리샤 위너커, 찰스 그로스, 폴 오핏이 있다. 레너드 그린은 고맙게도 원고를 통째 검토해 주었다. 톰 빌트슈미트는 많은 복잡한 내용을 설명해 주었고, 원고를 여러 차례 훑어봐 주었고, 없어서는 안 될 조언자가 되어 주었다.

노스웨스턴 대학의 동료들이 제공한 의견과 지지에도 고맙다. 특히 브라이언 볼드리, 케이티 브린, 애버릴 커디, 닉 데이비스, 해리스 파인소드, 레그 기번스, 메리 킨지, 수전 매닝, 수지 필립스, 칼 스미스에게 감사한다. 힘과 무력함의 문제를 잘 표현하도록 도와준 제인 스미스에게 고맙다. 로리 졸로스는 생명 윤리학을 소개해 주었고, 〈감염과 아이러니의 한계〉를 주제로 짜릿한 토론을 나눠 주었다.

매기 넬슨은 초고를 꼼꼼하게, 또한 냉정하게 읽어 주었다. 꼭 필요한 도움이었다. 닉 데이비스는 원고의 여백에 멋진 생각을 쏟아 주었고, 내 기분을 한껏 띄워 주었다. 책의 일부는 『하퍼스』에 실렸는데, 그때 제너비브 스미스가 해준 편집은 일부 이 책에도 남았다. 수잰 버팸, 존 브레슬런드, 세라 망구소, 메라 나셀리, 로빈 시프는 원고를 읽고

귀중한 제안을 주었다. 덕분에 책이 완성될 수 있었다.

어머니 엘런 그라프에게, 무엇보다도 내게 신화와 은유를 가르쳐 주신 것에 감사한다. 아버지 로저 비스에게, 면역에 대한 흥미를 키워 주고, 논문을 보내 주고, 책에 당신의 목소리를 빌려주신 것에 감사한다. 여동생 메이비스 비스는 언제나처럼 내 생각의 벗이었고, 엄밀한 시각으로 내 문제들을 분석해 주었다. 캐시 비스, 프레드 그라프, 에이선 비스, 제너비브 비스, 파로다 데카발라스, 리즈 그라프-브레넨, 루이즈 랭스너가 베푼 갖가지 친절에도 고맙다.

남편 존 브레슬런드에게, 인생과 예술에서 협력자가 되어 주는 것, 그리고 회의주의와 신뢰 양쪽에서 모범이 되어 주는 것에 감사한다. 그리고 아들 주노에게 감사한다. 내게 생각할 것을 이토록 많이 안긴 데 대해서.

참고 자료

저자의 말: 나는 면역을 조사할 때 수백 편의 신문 기사, 무수한 학술 논문, 수십 권의 책, 많은 블로그 포스트, 몇 편의 시, 여러 권의 소설, 한 권의 면역학 교과서, 한 묶음의 녹취록, 한 무더기의 잡지 스크랩, 많은 에세이를 참고했다. 참고했던 자료를 죄다 늘어놓자면 한도 끝도 없겠지만, 내 책에 결정적인 도움을 준 자료들은 밝히고 싶다. 아래는 내가 본문에서 출처를 온전히 밝히지 않고 인용한 텍스트들, 그리고 정보나 생각의 측면에서 내게 가장 큰 영향을 미친 텍스트들이다.

18~
19쪽   마이클 스펙터의 『뉴요커』 기사 "The Fear Factor," Michael
        Specter, *New Yorker*, October 12, 2009.

23~
24쪽   기본적인 은유를 만들고 이해하는 능력 James Geary, *I Is an Other:
        The Secret Life of Metaphor and How It Shapes the Way We See*

the World (New York: Harper, 2011), pp. 155, 19, 100.

25쪽 〈그렇게 어린 여자아이들에게는 부적절하다〉 Brian Brady, "Parents Block Plans to Vaccinate Nine-Year-Olds against Sex Virus," *Scotland on Sunday*, January 7, 2007.

25~ 19세기의 백신에 대한 두려움 Nadja Durbach, *Bodily Matters:*
26쪽 *The Anti-Vaccine Movement in England, 1853-1907* (Durham, NC: Duke University Press, 2005), pp. 132, 118, 138~139.

35~ 집단 면역 Paul Fine, "Herd Immunity: History, Theory,
39쪽 Practice," *Epidemiologic Reviews*, July 1993; Paul Fine, "'Herd Immunity': A Rough Guide," *Clinical Infectious Diseases*, April 2011.

42쪽 제니퍼 마굴리스의 『마더링』 기사 Jennifer Margulis, "The Vaccine Debate," *Mothering*, July 2009.

42~ B형 간염 Paul Offit, *Deadly Choices* (New York: Basic Books,
44쪽 2011), pp. 64~67; Stanley Plotkin et al., *Vaccines*, 6th ed. (New York: Elsevier, 2012), pp. 205~234; Gregory Armstrong et al., "Childhood Hepatitis B Virus Infections in the United States before Hepatitis B Immunization," *Pediatrics*, November 2001.

44~ 미국 최후의 전국적 천연두 집단 발병 Michael Willrich, *Pox: An*
45쪽 *American History* (New York: Penguin, 2011), pp. 41, 5, 58.

45~ 백신을 둘러싼 논쟁 Nadja Durbach, *Bodily Matters: The Anti-*
46쪽 *Vaccine Movement in England, 1853-1907* (Durham, NC: Duke University Press, 2005), p. 83.

47쪽 질병 통제 예방 센터의 2004년 데이터 분석 P. J. Smith et al., "Children Who Have Received No Vaccines: Who Are They and Where Do They Live?," *Pediatrics*, July 2004.

50쪽 〈위생 가설〉 David Strachan, "Family Size, Infection, and Atopy: The First Decade of the Hygiene Hypothesis," *Thorax*,

August 2000.

50~
51쪽 〈오래된 친구들〉가설 Graham Rook, "A Darwinian View of the Hygiene or 'Old Friends' Hypothesis," *Microbe*, April 2012.

51~
53쪽 바이러스 행성 Carl Zimmer, *A Planet of Viruses* (Chicago: University of Chicago Press, 2011), pp. 47~52. 『바이러스 행성』(칼 짐머 지음, 이한음 옮김, 위즈덤하우스 펴냄)

55~
57쪽 트리클로산 Alliance for the Prudent Use of Antibiotics, "Triclosan," January 2011; Jia-Long Fang et al., "Occurrence, Efficacy, Metabolism, and Toxicity of Triclosan," *Journal of Environmental Science and Health*, September 20, 2010.

57~
59쪽 백신의 부작용 Ellen Clayton et al., "Adverse Effects of Vaccines: Evidence and Causality," Institute of Medicine, August 25, 2011.

59~
63쪽 위험 인식 Cass Sunstein, "The Laws of Fear," *Harvard Law Review*, February 2002; Paul Slovic, "Perception of Risk," *Science*, April 1987.

62쪽 편집증 Eve Sedgwick, "Paranoid Reading and Reparative Reading, or, You're So Paranoid, You Probably Think This Essay Is About You," in *Touching Feeling: Affect, Pedagogy, Performativity* (Durham, NC: Duke University Press, 2003), pp. 130~131.

62~
64쪽 직관적 독성학 Paul Slovic, *The Perception of Risk* (London: Earthscan Publications, 2000), pp. 310~311. 『위험 판단 심리학』(폴 슬로빅 지음, 이영애 옮김, 시그마프레스 펴냄)

66쪽 인공과 자연의 연속성 Wendell Berry, "Getting Along with Nature," in *Home Economics* (New York: North Point Press, 1987), pp. 17, 25~26. 『생활의 조건』(웬델 베리 지음, 정경옥 옮김, 산해 펴냄)

67쪽 생물학적 제제와 화학적 제제 Jane S. Smith, *Patenting the Sun: Polio and the Salk Vaccine* (New York: Morrow, 1990), p. 221.

68쪽   〈우리는 아마도 늘 질병에 걸려 있겠지만 아픈 경우는 거의 없다〉 Emily Martin, *Flexible Bodies: Tracking Immunity in American Culture — from the Days of Polio to the Age of AIDS* (Boston: Beacon, 1994), p. 107.

71쪽   『침묵의 봄』과 과장된 DDT의 위험 Robert Zurbrin, "The Truth about DDT and *Silent Spring*," *New Atlantis*, September 27, 2012.

71~
72쪽   DDT의 근절과 말라리아 Tina Rosenberg, "What the World Needs Now Is DDT," *New York Times*, April 11, 2004.

73쪽   〈감염성 질병은 인적 자원을 체계적으로 약탈한다〉 "Disease Burden Links Ecology to Economic Growth," *Science Daily*, December 27, 2012.

73쪽   〈이렇게 긴 질병 목록이라니!〉 Nancy Koehn, "From Calm Leadership, Lasting Change," *New York Times*, October 27, 2012.

81쪽   〈우리는 결코 인간이었던 적이 없다〉 Donna Haraway, *When Species Meet* (Minneapolis: University of Minnesota Press, 2008), p. 165.

82쪽   의사들은 우두의 영향에 주목하고 있었다 Nicolau Barquet et al., "Smallpox: The Triumph over the Most Terrible of the Ministers of Death," *Annals of Internal Medicine*, October 15, 1997.

84~
86쪽   우두 접종 Donald Hopkins, *The Greatest Killer: Smallpox in History* (Chicago: University of Chicago Press, 1983, 2002), 247~250; Arthur Allen, *Vaccine: The Controversial Story of Medicine's Greatest Lifesaver* (New York: Norton, 2007), pp. 25~33, 46~49.

88쪽   〈면역 기호학〉 학회 Eli Sercarz et al., *The Semiotics of Cellular Communication in the Immune System* (Berlin: Springer-Verlag, 1988), pp. v~viii, 25, 71.

90쪽   면역계에 대한 다양한 은유들   Emily Martin, *Flexible Bodies: Tracking Immunity in American Culture — from the Days of Polio to the Age of AIDS* (Boston: Beacon, 1994), pp. 96, 75, 4.

90~94쪽   면역계   Thomas Kindt et al., *Kuby Immunology*, 6th ed. (New York: W. H. Freeman, 2007), pp. 1~75. 『Kuby 면역학』(토머스 킨트 외 지음, 강호영 외 옮김, 월드사이언스 펴냄)

97쪽   〈아이들이 성인기까지 생존하리라고 기대할 수 있다〉   Ellen Clayton et al., "Adverse Effects of Vaccines: Evidence and Causality," Institute of Medicine, 2011.

105~106쪽   여성과 의학   Barbara Ehrenreich and Deirdre English, *For Her Own Good: Two Centuries of the Experts' Advice to Women* (New York: Anchor Books, 1978, 2005), pp. 37~75, 51.

107~108쪽   출산의 의료 서비스화   Tina Cassidy, *Birth: The Surprising History of How We Are Born* (New York: Grove, 2006), pp. 27~41, 56~59. 『출산, 그 놀라운 역사』(티나 캐시디 지음, 최세문 외 옮김, 후마니타스 펴냄)

108쪽   〈원인이 바이러스도 세균도 아니라면 엄마겠지〉   Janna Malamud Smith, "Mothers: Tired of Taking the Rap," *New York Times*, June 10, 1990.

108~109쪽   앤드루 웨이크필드   Andrew Wakefield et al., "Ileal-lymphoid-nodular Hyperplasia, Non-Specific Colitis, and Pervasive Developmental Disorder in Children," *Lancet*, February 29, 1998; Editors of the *Lancet*, "Retraction: Ileal Lymphoid Nodular Hyperplasia, Non-specific Colitis, and Pervasive Developmental Disorder in Children," *Lancet*, Febryary 6, 2010; Brian Deer, "MMR-The Truth Behind the Crisis," *Sunday Times*, February 22, 2004; General Medical Council, "Fitness to Practise Panel Hearing," January 29, 2010; Cassandra Jardine, "Dangerous Maverick or Medical

Martyr?" *Daily Telegraph*, January 29, 2010; Clare Dyer, "Wakefield Was Dishonest and Irresponsible over MMR Research, says GMC," *BMJ*, January 2010.

109~
110쪽 웨이크필드의 의료 윤리 위반 조사와 반박 Sarah Boseley, "Andrew Wakefield Struck Off Register by General Medical Council," *Guardian*, May 24 2010.

112쪽 나쁜 공기와 질병 Peter Baldwin, "How Night Air Became Good Air: 1776-1930," *Environmental History*, July 2003.

114쪽 〈아이는 너무 순수했어요〉 Emily Martin, *Flexible Bodies: Tracking Immunity in American Culture — from the Days of Polio to the Age of AIDS* (Boston: Beacon, 1994), p. 203.

115쪽 모유 속 DDT와 PCB Florence Williams, "Toxic Breast Milk?" *New York Times*, January 9, 2005.

116쪽 미지의 독성으로서 백신 Jason Fagone, "Will This Doctor Hurt Your Baby?" *Philadelphia Magazine*, June 2009; Barbara Loe Fisher, "NVIC Says IOM Report Confirms Order for Mercury-Free Vaccines," nvic.org, October 1, 2001; Barbara Loe Fisher, "Thimerosal and Newborn Hepatitis B Vaccine," nvic.org, July 8, 1999.

126쪽 뱀파이어와 문화 Margot Adler, "For the Love of Do-Good Vampires: A Bloody Book List," National Public Radio, February 18, 2010.

128~
129쪽 천연두 바이러스의 영생 Carl Zimmer, *A Planet of Viruses* (Chicago: University of Chicago Press, 2011), pp. 85~87.

130쪽 소아마비 개척자들 Jane S. Smith, *Patenting the Sun: Polio and the Salk Vaccine* (New York: Morrow, 1990), pp. 158~159.

132~
133쪽 나이지리아에서의 소아마비 백신 보이콧 Maryam Yahya, "Polio Vaccines-'No Thank You!': Barriers to Polio Eradication in Northern Nigeria," *African Affairs*, April 2007.

132~ 나이지리아와 파키스탄의 소아마비 Jeffrey Kluger, "Polio and
135쪽 Politics," *Time*, January 14, 2013; Declan Walsh, "Taliban
Block Vaccinations in Pakistan," *New York Times*, June 19,
2012; Maryn McKenna, "File under WTF: Did the CIA Fake
a Vaccination Campaign?" Superbug: Wired Science Blogs,
wired.com, July 13, 2011 (http://www.wired.com/wired
science/2011/07/wtf-fake-vaccination/); Donald McNeil,
"CIA Vaccine Ruse May Have Harmed the War on Polio,"
New York Times, July 10, 2012; Svea Closser, "Why We Must
Provide Better Support for Pakistan's Female Frontline
Health Workers," *PLOS Medicine*, October 2013; Aryn Baker,
"Pakistani Polio Hits Syria, Proving No Country Is Safe Until
All Are," Time.com, November 14, 2013.

137쪽 미나마타 Seth Mnookin, *The Panic Virus: A True Story of
Medicine, Science, and Fear* (New York: Simon & Schuster,
2011), pp. 120~122.

138쪽 티메로살 Walter Orenstein et al., "Global Vaccination Recom-
mendations and Thimerosal," *Pediatrics*, January 2013.

139쪽 에틸수은과 메틸수은의 〈크나큰 차이〉 Louis Cooper et al., "Ban
on Thimerosal in Draft Treaty on Mercury: Why the AAP's
Position in 2012 Is So Important," *Pediatrics*, January 2013.

139쪽 〈백신 속 티메로살이 인체에 위험하다는 신뢰할 만한 과학적 증거는
없다〉 Katherine King et al., "Global Justice and the Proposed
Ban on Thimerosal-Containing Vaccines," *Pediatrics*, January
2013.

143쪽 가짜 범유행병 Fiona Macrae, "The 'False' Pandemic: Drug
Firms Cashed in on Scare over Swine Flu, Claims Euro
Health Chief," dailymail.co.uk, January 17, 2010.

144쪽 〈비판은 발병 주기의 한 부분입니다〉 Jonathan Lynn, "WHO to

Review Its Handling of the H1N1 Flu Pandemic," Reuters, January 12, 2010.

144~
145쪽
WHO와 공중 보건 강령 "Report of the Review Committee on the Functioning of the International Health Regulations (2005) in Relation to Pandemic (H1N1) 2009," World Health Organization, May 5, 2011.

146쪽
〈드라큘라는 자본처럼 지속적 성장을, 제 영역의 무한한 확장을 추구하게끔 되어 있는 존재다〉 Franco Moretti, "The Dialectic of Fear," *New Left Review*, November 1982.

147~
148쪽
H1N1으로 인한 전 세계 사망자 추정치 F. S. Dawood et al., "Estimated Global Mortality Associated with the First 12 Months of 2009 Pandemic Influenza A H1N1 Virus Circulation: A Modelling Study," *Lancet Infectious Diseases*, June 26, 2012.

149쪽
〈백인들이 진짜로 우리를 죽이고 싶다면, 더 쉬운 방법이 많이 있어요. 코카콜라에 독도 타도 되고……〉 Maryam Yahya, "Polio Vaccines — 'No Thank You!': Barriers to Polio Eradication in Northern Nigeria," *African Affairs*, April 2007.

151~
159쪽
가부장주의와 모성주의 Michael Merry, "Paternalism, Obesity, and Tolerable Levels of Risk," *Democracy & Education* 20, no. 1, 2012; John Lee, "Paternalistic, Me?" *Lancet Oncology*, January 2003; Barbara Peterson, "Maternalism as a Viable Alternative to the Risks Imposed by Paternalism. A Response to 'Paternalism, Obesity, and Tolerable Levels of Risk,'" *Democracy & Education* 20, no. 1, 2012; Mark Sagoff, "Trust Versus Paternalism," *American Journal of Bioethics*, May 2013.

152쪽
의료에서의 소비자 중심주의 Paul Offit, *Do You Believe in Magic? The Sense and Nonsense of Alternative Medicine* (New York: Harper, 2013), p. 249. 『희망 고문 비즈니스』(폴 오핏 지음, 서민아 옮김, 필로소픽 펴냄)

162~
166쪽   〈밥 선생님의 선택적 백신 접종 일정표〉 Robert Sears, *The Vaccine Book: Making the Right Decision for Your Child* (New York: Little, Brown, 2011), pp. 259, 225, 58, 77; Robert Sears, *The Vaccine Book: Making the Right Decision for Your Child* (New York: Little, Brown, 2007), p. 57. 『우리집 백신 백과 — 내 아이 예방 접종을 위한 현명한 선택』(로버트 시어스 지음, 홍한별 옮김, 양철북 펴냄)

163~
165쪽   홍역 Seth Mnookin, *The Panic Virus: A True Story of Medicine, Science, and Fear* (New York: Simon & Schuster, 2011), p. 19.

165쪽   밥 선생님의 처방에 따라 백신을 맞지 않은 아이 Seth Mnookin, "Bob Sears: Bald-Faced Liar, Devious Dissembler, or Both?" *The Panic Virus: Medicine, Science, and the Media* (blog), PLOS.org, March 26, 2012.

165쪽   〈홍역 환자를 병원에 들인 의사는 내가 아니었다〉 Robert Sears, "California Bill AB2109 Threatens Vaccine Freedom of Choice," *Huff Post San Francisco, The Blog* (comments section), March 24, 2012, http://www.huffingtonpost.com/social/hp_blogger_Dr.%20Bob%20Sears/california-vaccination-bill_b_1355370_143503103.html.

165쪽   〈내가 그동안 그 가족의 소아과 주치의이긴 했지만〉 Robert Sears, "California Bill AB2109 Threatens Vaccine Freedom of Choice," *Huff Post San Francisco, The Blog* (comments section), March 25, 2012, http://www.huffingtonpost.com/social/hp_blogger_Dr.%20Bob%20Sears/california-vaccination-bill_b_1355370_143586737.html.

170쪽   〈네 목을 매달아서 죽여 버리겠다!〉 Paul Offit, *Autism's False Prophets* (New York: Columbia University Press, 2008), p. xvii.

172쪽   백신의 수익성과 투여 용량 Amy Wallace, "An Epidemic of Fear: How Panicked Parents Skipping Shots Endangers Us All,"

Wired, October 19, 2009.

177쪽   사람들이 백신 접종보다 더 〈진짜〉라고 여기는 종두   Nadja Durbach,
        Bodily Matters: The Anti-Vaccine Movement in England, 1853-1907 (Durham, NC: Duke University Press, 2005), p. 20.

178쪽   〈면역을 제 손으로 얻는〉 〈자경(自警) 백신 접종〉   Donald McNeil,
        "Debating the Wisdom of 'Swine Flue Parties,'" *New York Times*, May 6, 2009.

180쪽   양심적 거부   Nadja Durbach, *Bodily Matters: The Anti-Vaccine Movement in England, 1853-1907* (Durham, NC: Duke University Press, 2005), pp. 171~197.

181~   조지 워싱턴과 천연두   Seth Mnookin, *The Panic Virus: A True*
182쪽   *Story of Medicine, Science, and Fear* (New York: Simon & Schuster, 2011), pp. 27~29.

182~   초기의 백신 거부자들과 의무 백신 접종법   Michael Willrich, *Pox:*
183쪽   *An American History* (New York: Penguin, 2011), pp. 330~336.

183~   천연두와 백신 반대 폭동   Arthur Allen, *Vaccine: The Controversial*
184쪽   *Story of Medicine's Greatest Lifesaver* (New York: Norton, 2007), p. 111.

187쪽   〈제 아이의 건강을 주변 다른 아이들의 건강보다 앞세운다고 해서 그 부
        모를 탓할 수 있을까?〉   Robert Sears, *The Vaccine Book: Making the Right Decision for Your Child* (New York: Little, Brown, 2007), pp. 220, 97.

189쪽   〈나 자신은 그저 하나의 자연적 몸〉   *Elizabeth I: Collected Works*, ed. Leah Marcus, Janel Mueller, and Mary Beth Rose (Chicago: University of Chicago Press, 2000), p. 52.

189~   개인의 몸과 여성의 몸   Donna Haraway, *Simians, Cyborgs, and*
190쪽   *Women* (New York: Routledge, 1991), pp. 7, 253.

191쪽   〈이기적인 사람들의 집단도 유행병을 물리칠 수 있다〉   Steve Bradt,
        "Vaccine Vacuum," *Harvard Gazette*, July 29, 2010; Feng Fu

et al., "Imitation Dynamics of Vaccination Behavior on Social Networks," *Proceedings of the Royal Society B*, January 2011.

192~
193쪽 은유적으로 연결된 두 주제에 대한 태도 James Geary, *I Is an Other: The Secret Life of Metaphor and How It Shapes the Way We See the World* (New York: Harper, 2011), pp. 127~129.

193쪽 〈생각이 언어를 오염시킨다면〉 George Orwell, "Politics and the English Language," *A Collection of Essays* (Orlando: Mariner Books, 1946, 1970), p. 167. 『나는 왜 쓰는가』(조지 오웰 지음, 이한중 옮김, 한겨레출판 펴냄)

198쪽 〈1901년 가을에는 규제가 논쟁적인 발상이었지만〉 Michael Willrich, *Pox: An American History* (New York: Penguin, 2011), p. 171.

200~
201쪽 처음부터 은유였던 면역계라는 용어 Michael Fitzpatrick, "Myths of Immunity: The Imperiled 'Immune System' Is a Metaphor for Human Vulnerability," *Spiked*, February 18, 2002.

201쪽 〈면역계라는 용어는 왜 그토록 널리, 그토록 빠르게 받아들여졌을까〉 Anne-Marie Moulin, "Immunology Old and New: The Beginning and the End" in *Immunology 1930-1980*, ed. Pauline Mazumdar (Toronto: Wall & Thompson, 1989), pp. 293~294.

201~
202쪽 몸을 복잡한 계로 볼 때의 무력감 Emily Martin, *Flexible Bodies: Tracking Immunity in American Culture — from the Days of Polio to the Age of AIDS* (Boston: Beacon, 1994), p. 122.

207쪽 사회 다윈주의의 핵심으로서 면역계 Emily Martin, *Flexible Bodies: Tracking Immunity in American Culture — from the Days of Polio to the Age of AIDS* (Boston: Beacon, 1994), pp. 235, 229.

208쪽 〈왜 250만 명의 순수한 신생아들과 아이들을 표적으로 삼는가〉 Barbara Loe Fisher, "Illinois Board of Health: Immunization Rules and Proposed Changes," testimony, nvic.org, March 26, 1998.

211~ 백신 피해를 판결한 법정 Arthur Allen, "In Your Eye, Jenny

212쪽 McCarthy: A Special Court Rejects Autism-Vaccine Theories," *Slate*, February 12, 2009.

213쪽 〈오늘날의 미디어 문화〉 Maria Popova, "Mind and Cosmos: Philosopher Thomas Nagel's Brave Critique of Scientific Reductionism," brainpickings.org (blog), October 30, 2012, http://www.brainpickings.org/index.php/2012/10/30/mind-and-cosmos-thomas-nagel/.

215쪽 『살롱』지의 철회 결정 비판 Scott Rosenberg, "Salon.com Retracts Vaccination Story, but Shouldn't Delete It," *Idea Lab* (blog), pbs.org, January 24, 2011, http://www.pbs.org/idealab/2011/01/saloncom-retracts-vaccination-story-but-shouldnt-delete-it021/.

216쪽 〈중요한 건 증거 전체〉 John Ioannidis, "Why Most Published Research Findings Are False," *PLOS Medicine*, August 2005.

216쪽 〈모든 과학은 강에 비유할 수 있다〉 Rachel Carson, *Silent Spring* (New York: Houghton Mifflin, 2002, 1962), p. 279. 『침묵의 봄』(레이첼 카슨 지음, 김은령 옮김, 에코리브르 펴냄)

219쪽 〈주장이 텍스트 전반에서 집요하게 제시된다〉 Allan Johnson, "Modernity and Anxiety in Bram Stoker's *Dracula*," in *Critical Insights: Dracula*, ed. Jack Lynch (Hackensack, NJ: Salem Press, 2009), p. 74.

228쪽 〈H1N1 독감을 둘러싼 과대 선전과 공포는 결국 근거 없는 것으로 밝혀졌다〉 Robert Sears, *The Vaccine Book: Making the Right Decision for Your Child* (New York: Little, Brown, 2011), p. 123.

229쪽 〈예방 의학이라는 개념은 약간 비미국적이다〉 Nicholas von Hoffman, "False Front in War on Cancer," *Chicago Tribune*, February 13, 1975.

231쪽 〈인생이란 취약성의 기간이다〉 Donna Haraway, *Simians, Cyborgs, and Women* (New York: Routledge, 1991), p. 224.

233쪽 〈우리가 타인을 악마화하면〉 Susan Dominus, "Stephen King's

Family Business," *New York Times*, July 31, 2013.

235쪽   보상이 모욕감을 안길 수도 있다   Roland Benabou et al., "Incentives and Prosocial Behavior," *American Economic Review*, December 2006.

239쪽   질병의 위협과 사회적 편견의 연관성   J. Y. Huang et al., "Immunizing Against Prejudice: Effects of Disease Protection on Attitudes Toward Out-groups," *Psychological Science*, December 22, 2011.

242쪽   『사이언스』의 나르키소스 신화 은유   Stephen J. Simpson and Pamela J. Hines, "Self-Discrimination, a Life and Death Issue," *Science*, April 1, 2002.

243~   위험 모형   Polly Matzinger, "The Danger Model: A Renewed
244쪽   Sense of Self," *Science*, April 12, 2002; Claudia Dreifus, "A Conversation with Polly Matzinger: Blazing an Unconventional Trail to a New Theory of Immunity," *New York Times*, June 16, 1998.

245쪽   〈벗어날 수 없는 상호성의 그물〉   Martin Luther King, "Letter from Birmingham Jai," April 16, 1963.

246쪽   〈몸속 미생물 정원을 가꾸다〉   Carl Zimmer, "Tending the Body's Microbial Garden," *New York Times*, June 18, 2012.

옮긴이의 말

2000년, 미국 정부는 홍역이 미국에서 사실상 근절되었다고 선언했다. 그로부터 십여 년 후인 2014년 말, 캘리포니아를 중심으로 홍역 감염자가 150여 명이나 발생하여 보건 당국에 비상이 걸렸다. 공기에 의해 전염되는 홍역 바이러스는 전염성이 매우 높고, 아이의 경우 치명적인 합병증으로 이어질 수 있다. 역학 조사 결과, 대개의 환자들은 캘리포니아 디즈니랜드에 놀러 갔다가 바이러스에 감염된 것으로 드러났다. 또한 많은 환자는 홍역 백신을 맞지 않은 것으로 드러났다. 14년 동안 무슨 일이 있었기에, 백신으로 싹 퇴치한 줄 알았던 감염병이 도로 활개 치게 되었을까?

이야기의 시작은 1998년으로 잡아야 할 것이다. 그해, 영국의 소화기 의사 앤드루 웨이크필드는 저명 의학지 『랜싯』에 MMR(홍역, 볼거리, 풍진) 혼합 백신이 아이에게 자폐증을 일으킬지도 모른다는 내용의 논문을 실었다. 웨이크필드의 연구는 표본이 12명에 불과했고 연구 기법에도 문제가 있어 금세 반박되었고, 『랜싯』은 10년 후 아예 게재를 취소했다. 심지어 그는 뒷돈을 받은 것이 드러나 결국 의사 자격까지 박탈당했으나, 안타깝게도 이미 사람들이 백신과 자폐증의 연관성을 유효한 이론인 것처럼 인지하게 된 뒤였다.

이후 미국에서는 배우 제니 매카시 등의 유명인이 가담한 백신 반대 운동 단체들이 더욱더 조직적으로 홍보를 벌였고, 그 결과 MMR 백신은 물론이거니와 모든 종류의 유년기 권장 백신에 대한 접종률이 갈수록 낮아졌다. 여기에 현대 주류 의학의 흠을 지적하는 대체 의학의 부추김이 더해져, 인공 백신을 거부하고 〈자연적〉인 방법으로 면역력을 북돋는 것이 현명하고 자연스럽고 진보적인 태도라는 생각마저 생겨났다. 그래서인지 미국에서 백신 미접종 아이는 상대적으로 부유하고 교육 수준이 높은 가정 출신이 많아, 이 문제는 얄궂은 양상으로 계급성도 띠게 되었다. 자연 면역을 확보할 요량으로 수두에 걸린 아이의 집에 일부러 아이들을 모아서 놀게 하는 〈수두 파티〉가 유행했던 것이나 앞에서 말한 디즈니랜드 홍역 집단 발병은 그런 경향성이 절정에 달한 사건이었다.

전체 인구 집단의 접종률이 집단 면역이 효과를 발휘하지 못하는 어떤 임계점 밑으로 떨어지면, 전염병의 확산은 예측할 수 없고 걷잡을 수 없게 된다. 2008년에 홍역 발병이 0건, 백일해 감염이 49건이었던 미국은 2013년에는 홍역 감염이 270여 건, 백일해 감염이 무려 2만여 건이었다. 이런 명백한 위험 앞에서, 디즈니랜드 집단 발병을 겪은 캘리포니아 주 상원 보건 위원회는 모든 아이에게 백신 접종을 의무화하도록 2015년 초 학교백신법을 강화했다. 세계 보건 기구WHO도 〈백신 기피에 대한 WHO의 권고〉를 내어, 백신 기피로 세계에서 매년 150만 명의 아이가 숨진다는 통계를 제시하며 접종을 권고했다. 그러나 백신 접종이 한 번도 법으로 의무화된 적 없었고 워낙 개인의 자유에 민감한 미국에서 앞으로 사태가 어떻게 흘러갈지는 아직 모른다(우리나라도 표준 예방 접종 실시 기준이 법으로 정해져 있지만 권고일 뿐 강제 수단은 없다). 백신의 유효성과 전반적 안전성은 의학계에서 논쟁하고 말고 할 것도 없는 사실로 받아들여짐에도 불구하고, 예방 접종은 뜻밖에도 현재 가장 뜨거운 공중 보건 문제가 된 것이다.

2014년 출간된 『면역에 관하여』는 그런 과열된 분위기에 던져진 책이었다. 그러나 이 책은 어느 한쪽의 편을 들어서 논쟁을 더 뜨겁게 만드는 책이 아니었다. 오히려 격전지에 홀로 조용히 피어난 꽃과도 같은 책, 그리하여 정신없이 싸우던 양측으로 하여금 화들짝 놀라 그 차분한 목소리에 주목하게 만드는 책이었다.

작가 율라 비스는 2009년 아들을 낳았다. 이전에도 저널리스트로서 관련 주제를 취재해 온 그였지만, 처음으로 어머니가 되는 과정에서 그는 면역과 예방 접종에 대해서 이전과는 비교할 수 없을 만큼 깊고 개인적인 체험을 하게 된다. 그에게 어머니가 된다는 건 전혀 다른 세상으로 건너오는 경험이었다. 베개나 매트리스 같은 일상적인 것들마저 아기를 죽일 수 있는 세상으로. 아무것도 겁날 게 없던 세상에서 모든 게 다 겁나는 세상으로. 그러나 또 한편으로 어머니가 된다는 건 무슨 수를 써서라도 아이를 위험으로부터 보호하겠다고 다짐하는 것, 뻔히 실패할 걸 알면서도 아이의 운명에서 불길한 예언을 지우겠노라고 다짐하는 것이기도 하다. 그래서 비스는 〈힘을 부여받은 무력함〉을 느낀다. 어머니는 아이를 대신하여 무수한 결정을 내려야 하고 그럴 힘이 있지만, 한편으로는 어떤 결정이 옳은지 확신할 수 없어 무력하다. 백신을 맞혀야 하나? 누구 말을 들어야 하나? 이렇게 복잡한 문제를 어떻게 이해하지? 어떻게 결정하든 나중에 후회하면 어쩌지? 이토록 낯선 〈어머니 됨〉의 세상에 뚝 떨어진 비스는 이 미로를 의연하게 헤쳐 나갈 길을 찾기 위해서 이 세상을 기록한다. 그 기록이 바로 이 책이다.

자료 조사, 전문가 취재, 대학의 면역학 수업, 무엇보다도 다른 어머니들과의 대화를 통해서, 비스는 면역과 예방접종과 그에 대한 우리의 생각을 전방위로 더듬어 본다. 종두법의 발견에서 현대에 이르기까지 면역학의 역사적 측면을. 백신의 작동 원리, 관리 체계, 부작용 등 과학적 측면을. 과거에는 가난한 사람들이 거부했으나 현재는 중상층이 거부하는 백신의 사회 계급적 측면을. 미군과 탈리반이 무기처럼 이용했던 백신의 국제 정치적 측면을. 백신에 제약 회사의 탐욕이 개입했을 것이라는 음모론을 둘러싼 경제적 측면을. 우리가 면역계의 작동을 곧잘 전쟁에 비유하는 것은 타당한가 하는 은유적 측면을.

비스는 무엇보다도 사람들의 두려움이 어디에서 오는지를 이해하려고 노력한다. 수두 파티에 대해서 〈그 사람들은 바보야〉라고 딱 잘라 말했던 자신의 아버지와는 달리, 비스는 백신 반대자를 한심하게 여기진 않는다. 오히려 그들이 왜 그런 태도를 갖게 되었는지 이해하는 것이 중요한 일이라고 여긴다. 그리고 우리의 두려움은 우리의 신화, 문화, 은유, 역사에서 비롯한 것이므로, 백신의 이야기를 온전히 말하려면 과학뿐만 아니라 그런 것들까지 모두 말해야 한다고 여긴다.

그렇다고 해서 비스가 기계적 중립을 추구하는 것은 아니다. 그는 확고한 백신 찬성론자다(사실 엄연한 과학적 현상에 대해서 찬성하느니 반대하느니 하는 표현은 이상하지만). 그가 모든 의심의 오솔길을 직접 다 걸어본 뒤에 결론으로 다가가는 과정은, 비록 독자에게 강요하는 말은 한마디도 없을지언정, 더없이 강력한 백신 옹호 논증이다. 그는 백신은 인공적인 것이고 자연 감염은 자연적인 것이라고 여겨서 후자를 선호하는 생각이 왜 착각인지를 짚으며, 현대 기술과 의학의 혜택을 입는 사람이라면 누구나 이미 인공이 가미된 사이보그라는 통찰로까지 나아간다. 우리가 제각각 자기 몸만 잘 간수하면 질병으로부터 보호받을 수 있을 거라는 독립성의 희망은 망상이라고 지적하며, 우리 몸은 애초에 수많은 기생생물을 담고 있는 〈타자들의 집합〉인 데다가 살갗은 침투성이 높은 불완전한 경계이므로 우리는 누구나 다른 몸들과 이어져 있다는 사실을 알려준다. 우리가 제약 회사나 정부를 의심하는 것은 건전한 일일 수도 있지만 음모론은 대개 〈하나만 잘 아는〉 편집증적 사고라고 지적하고, 과학 정보는 전체를 다 보는 게 중요하다고 말한다. 그러기 위해서는 수많은 정보와 관점에 의존해야 하므로, 누구도 〈혼자서는 알 수 없다〉. 정보를 판별하는 데 있어서도 완벽하고 순수한 독립성의 망상을 경계해야 한다는 통찰이다.

비스가 출산 후 자궁 내반증으로 자칫 목숨이 위험했던 때 남의 피를 수혈받아 살아났던 경험, 그해에 전 세계에서 범유행병으로 돌았던 H1N1 신종 플루에 대한 보건 당국의 대응과 항균 소독제의 범람, 질병의 은유이기도 하지만 서로에게 의존할 수밖에 없는 인간 존재의 은유이기도 한 뱀파이어 이야기…… 언뜻 면역과 예방 접종과는 무관해 보이는 이런 이야기들도 결국에는 비스가 깨달은 가장 중요한 결론으로 수렴한다. 그것은 바로 〈우리는 서로의 몸에 빚지고 있으며〉〈면역은 우리가 공동으로 가꾸는 정원〉이라는 것이다.

우리나라에서도 최근 이른바 〈자연주의 육아〉를 따른다며 백신을 기피하는 풍조가 있어, 관련 뉴스가 심심찮게 들린다. 실제 2006년에서 2015년까지 9년 사이에 수두 감염자는 거의 네 배로, 볼거리(유행성 이하선염) 감염자는 거의 열 배로 늘었다고 한다. 수두 파티 유행이 여기까지 건너온 건 안타까운 일이지만, 『면역에 관하여』도 이렇게 알맞은 시기에 함께 건너온 건 그나마 다행스럽다.

　그런데 『면역에 관하여』가 시사적인 책으로만 여겨진다면 아쉬울 것이다. 한 편씩 따로 읽어도 괜찮도록 완결되어 있지만 그런 30편의 글 전체가 하나의 이야기를 이루는 이 책은, 비스의 에세이스트로서의 접근법과 표현법이 내용 못지않게 감탄스럽다. 비스는 백신에 대한 시각에서 인공과 자연, 자기와 비자기, 신화와 의학, 어머니와 의사의 이분법을 넘으려고 노력했던 것처럼 글에서도 사적인 것과 공적인 것, 관찰과 조사, 일기와 보도의 이분법을 넘는다. 문예 비평가답게, 주어진 것으로부터 늘 그보다 더 많은 것을 읽어 낸다. 문제를 단순화해 주는 게 아니라 〈더 복잡하게 만들어 주는〉 요소들을 칭송한다. 해외 서평가들은 비스가 함축적이라는 점에서는 조앤 디디온을, 아포리즘적이라는 점에서는 수전 손택을, 은유를 통해 세상을 확장한다는 점에서는 레베카 솔닛을 연상시킨다고 말했다.

　한없이 세심하고 은근하지만 모호하거나 감상적이지 않은 비스의 글은 아름답다는 말로밖에는 달리 표현할 수 없는 통찰을 곳곳에서 내보인다. 「당신의 피가 아니잖아요.」 그가 의사에게 들었던 이 말이 어떻게 모두가 함께 가꾸는 정원으로서 면역과 이어지는지를 깨닫는 것은 독자에게도 뼛속까지 시린, 그러나 몸속까지 따스해지는 경험이다. 『면역에 관하여』는 한편으로는 과학이고, 다른 한편으로는 시이며, 무엇보다도 밀도 높은 사고이다. 이런 글을 쓴 비스의 아버지가 의사이고 어머니가 시인이라는 사실은, 너무 공교로워서 오히려 재미없는 농담처럼 들리지만, 아마도 이 아름다운 책에 좋은 영향을 미친 우연일 것이다.

옮긴이 **김명남** 카이스트 화학과를 졸업하고 서울대학교 환경대
학원에서 환경 정책을 공부했다. 인터넷 서점 알라딘 편집팀장으
로 일했고 현재 전업 번역가로 일한다. 『우리 본성의 선한 천사』
로 55회 한국출판문화상 번역 부문을 수상했다. 그 밖의 옮긴 책
으로 『틀리지 않는 법』, 『지구의 속삭임』, 『생명에서 생명으로』,
『남자들은 자꾸 나를 가르치려 든다』 등이 있다.

면역에 관하여

발행일   2016년 11월 25일 초판 1쇄
        2022년   6월 1일 초판 17쇄

지은이   율라 비스
옮긴이   김명남
발행인   홍예빈·홍유진
발행처   주식회사 열린책들

경기도 파주시 문발로 253 파주출판도시
전화 031-955-4000 팩스 031-955-4004
www.openbooks.co.kr

Copyright (C) 주식회사 열린책들, 2016, *Printed in Korea.*
ISBN 978-89-329-1810-5 03400

이 도서의 국립중앙도서관 출판예정도서목록(CIP)은 서지정보유통지원시스템 홈페이지(http://seoji.nl.go.kr)와
국가자료공동목록시스템(http://www.nl.go.kr/kolisnet)에서 이용하실 수 있습니다.(CIP제어번호:CIP2016027267)